土地利用計画論

― 農業経営学からのアプローチ ―

八木　洋憲　著

養賢堂

Method of Land Use Planning for Agriculture

by
Hironori YAGI
2005

Published by National Institute for Rural Engineering

はしがき

　列車の車窓や街道から眺める田園景観の変化を感じることは，旅行の醍醐味の一つであろう．いくつか地図を広げてみれば，地域により，国により，様々な農業土地利用が行われていることを空間的に知ることができ，想像力をかき立てる．このような景観や土地利用を形づくるのが，その地方の農業生産活動といえよう．もとより，農業経営にとって土地は必要不可欠な生産要素であり，土地利用を計画的に行うことにより，継続的かつ効率的に生産物を生み出すことが可能となる．一方で，近年は，農村の土地利用を維持するために，地域条件に適した農業生産が行われることが期待されている．

　本書の目的は，農業経済的に見た，土地利用の効率的な配置を知るための土地利用計画方法論の構築である．いかなる土地利用の空間的配置を行うことが，農業生産の上で最も効率的であるかを知ることは，一義的に農業の競争力の向上に貢献するのみならず，農地保全をより効果的に行うためにもきわめて重要な課題である．それは，農地に何を作付するのかという選択だけにとどまらず，都市的土地利用や粗放的土地利用との関係性を考慮して把握されなければならない．

　こうした課題に取り組んだ研究蓄積として，農業から将来に渡って得られると予想される期待所得を基準として，農地利用の優先順位を決定する，期待所得土地分級論の流れがある．本書は，土地利用計画論の完結編にはほど遠いが，既往の研究の到達点を踏まえつつ，その現代的な展開を試みたものである．さらなる展開に向けて，大方のご叱正とご教授を賜れば幸いである．また，資料収集，実態調査，研究の取りまとめに際しては多くの方々のご支援・ご協力をいただいたと承知している．記して感謝申し上げたい．

2005年11月

八木　洋憲

目　次

序章　本書で扱う問題の所在 ·· 1
　1. 農村の土地利用問題 ·· 2
　2. 研究の課題 ·· 4

第1章　方法論の整理
　　－土地利用計画における農地の生産性把握について－ ······················ 7
　Ⅰ. はじめに ··· 8
　Ⅱ. 総合的な視点からの農地の生産性の把握方法論 ·························· 9
　　1. 土地分級に関する方法論上の概念整理 ······························ 9
　　2. 詳細な実態分析を通じた農地の生産性の把握 ······················· 11
　　3. 土地分級の定量化の試み ··· 14
　　4. 実証分析による土地利用モデル ··································· 16
　　5. 規範分析による土地利用配分の導出 ······························· 18
　　6. 農地の生産性把握方法論の整理 ··································· 20
　　7. 分析枠組みの採用 ··· 21
　Ⅲ. 規範分析による農地の生産性把握に関する整理 ························· 24
　　1. 規範分析による農地の生産性把握の枠組み ························· 24
　　2. 土地単位内における技術係数の設定に関する議論 ··················· 25
　　3. 土地単位間の空間配置による影響に関する議論 ····················· 27
　Ⅳ. 分析課題の構成 ·· 30

第2章　都市農地の保全計画
　　－外部不経済と移動効率の影響を考慮して－
　　　　　　　　　　　　　　　　　　　　　　　　　　　　　　　　　33
　Ⅰ. 背景と課題 ･･･ 34
　Ⅱ. 分析方法 ･･･ 36
　　1. 事例地域 ･･･ 36
　　2. 営農類型の設定 ･･･････････････････････････････････････ 38
　　3. 外部不経済および移動に関する係数設定 ･････････････････ 40
　　4. 線形計画法のフレームワーク ･･･････････････････････････ 43
　Ⅲ. 分　析 ･･･ 47
　　1. 最適化結果 ･･･ 47
　　2. 農業生産からみた生産緑地区画別の保全基準 ･････････････ 50
　Ⅳ. 結　語 ･･･ 51

第3章　都市近郊における宅地化・耕作放棄発生の影響の予測
　　　　　　　　　　　　　　　　　　　　　　　　　　　　　　　　　57
　Ⅰ. 背景と課題 ･･･ 58
　Ⅱ. 分析方法 ･･･ 59
　　1. 分析事例 ･･･ 59
　　2. 非農業土地利用の把握方法 ･････････････････････････････ 59
　　3. 現状における問題発生状況の把握（農家側が受ける外部不経済）･･･ 61
　　4. 現状における問題発生状況の把握（住民側が受ける外部不経済）･･･ 61
　　5. 農外土地利用と農地の接触の増加に伴う問題発生の予測 ･･････ 62
　Ⅲ. 分　析 ･･･ 63
　　1. 非農業土地利用の把握 ･････････････････････････････････ 63
　　2. 現状における問題発生状況の把握（農家側）･････････････ 64
　　3. 現状における問題発生状況の把握（地域住民側）･････････ 66
　　4. 耕作放棄地の増加に伴う農業側の問題発生の予測 ･････････ 67
　　5. 農－住混在の増大に伴う農業側の問題発生の予測 ･････････ 69

6. 地域住民側の問題指摘確率の予測 ･････････････････････････70
　Ⅳ. 結　語 ･･73

第4章　都市近郊平坦地域における水田利用計画
　　　－水田水利施設の維持管理費用を考慮した地区分級モデル－
　　　･･77
　Ⅰ. 背景と課題 ･･78
　Ⅱ. 分析方法 ･･79
　　　1. 水利施設の概況と維持管理コスト ･･････････････････････79
　　　2. 都市近郊水田における生産性の把握 ････････････････････81
　　　3. 地区分級モデルの構築 ････････････････････････････････86
　　　4. シナリオの設定 ･･････････････････････････････････････89
　Ⅲ. 分　析 ･･90
　　　1. アンケートによる生産性の把握結果 ････････････････････90
　　　2. 地区分級の実施 ･･････････････････････････････････････90
　　　3. 地区別の水田利用の決定において水利施設維持管理を考慮しない
　　　　 場合との比較 ･･94
　Ⅳ. 結　語 ･･97

第5章　中山間地域の農地保全計画
　　　－耕作放棄による外部不経済の影響を考慮した区画単位の分級モデル－
　　　･･101
　Ⅰ. 背景と課題 ･･102
　Ⅱ. 分析方法 ･･103
　　　1. 事例地域 ･･103
　　　2. 期待所得圃場分級の構成 ････････････････････････････104
　　　3. 圃場単位の土地条件の推計 ･･････････････････････････105
　　　4. 線形（整数）計画法による集落農業所得の最適化 ･･････108
　　　5. 計算結果の適用と考察 ･･････････････････････････････112

Ⅲ. 分　析 ………………………………………………… 113
　　1. 圃場別収量の推計 ……………………………………… 113
　　2. 圃場別労働時間の推計 ………………………………… 115
　　3. 線形（整数）計画モデルによる期待所得圃場分級の実施 …… 116
　　4. 結果の適用と考察 ……………………………………… 119
　Ⅳ. 結　語 ………………………………………………… 122

第6章　中山間地域における農地集積計画
　　－地区レベルの規範モデルによる大規模水田経営の成立可能性の検討－
　　……………………………………………………………… 127
　Ⅰ. 背景と課題 …………………………………………… 128
　Ⅱ. 分析方法 ……………………………………………… 129
　　1. 線形計画モデルの構築 ………………………………… 130
　　2. 係数の設定 ……………………………………………… 131
　　3. 分析シナリオの設定 …………………………………… 137
　Ⅲ. 分　析 ………………………………………………… 138
　　1. 分析結果 ………………………………………………… 138
　　2. 直接支払制度の影響 …………………………………… 139
　　3. 圃場条件別の集積状況 ………………………………… 142
　Ⅳ. 結　語 ………………………………………………… 144

第7章　今後の課題と展望 ……………………………… 147
　Ⅰ. 本書の要約 …………………………………………… 148
　　1. 本書の到達点 …………………………………………… 148
　　2. 土地利用計画論としての体系化 ……………………… 151
　Ⅱ. 近年の注目すべき動向－土地利用との関係から－ …… 154
　　1. 地域住民参加型の農地保全 …………………………… 154
　　2. 新たな土地利用形態の模索 …………………………… 156
　　3. 農地保全の政策的実現手段 …………………………… 157

4. IT技術を活用した農地保全‥‥‥‥‥‥‥‥‥‥‥‥‥‥ 160
 Ⅲ. 今後の課題‥‥‥‥‥‥‥‥‥‥‥‥‥‥‥‥‥‥‥‥‥‥ 161
   1. 規範分析として備えるべき要件‥‥‥‥‥‥‥‥‥‥‥‥ 161
   2. 実証研究との連携‥‥‥‥‥‥‥‥‥‥‥‥‥‥‥‥‥‥ 162
   3. 計画手法，政策評価手法としての要件‥‥‥‥‥‥‥‥‥ 163
   4. 新技術との連携‥‥‥‥‥‥‥‥‥‥‥‥‥‥‥‥‥‥‥ 164

論文初出一覧‥‥‥‥‥‥‥‥‥‥‥‥‥‥‥‥‥‥‥‥‥‥‥ 167
引用文献‥‥‥‥‥‥‥‥‥‥‥‥‥‥‥‥‥‥‥‥‥‥‥‥‥ 168

あとがき‥‥‥‥‥‥‥‥‥‥‥‥‥‥‥‥‥‥‥‥‥‥‥‥‥ 177

序章　本書で扱う問題の所在

写真：都市部の生産緑地．農地の保全に向けて，農業の活力の維持は重要課題．

1. 農村の土地利用問題

　日本において農村土地利用の混乱が言われて久しい．その一つが，都市的土地利用との混在，いわゆるスプロール問題である．日本の農地面積は1961年に609万haというピークを迎えてから，2003年には474万ha（耕地および作付面積統計）にまで減少している．一方，同じ期間に宅地面積は，60万ha程度であったものが，150万ha（土地白書）にまで拡大している．農地から宅地への転用面積は，近年減少しているものの，問題はこうした土地利用の変化が「虫が葉を食い散らかす（sprawl）」ように進行し，土地利用が混在してしまうことにある．

　都市計画論において，スプロールが大きな問題とされるのは，それが，都市基盤整備コストの増大や居住環境の悪化につながるためである．規制緩和の掛け声のもとで，低地価の農村部へ開発が及ぶ．はじめのうちこそ，緑に囲まれた田園住宅であったものが，いずれ，虫食い状の開発に対して道路整備や下水道整備，緑地整備が追いつかなくなる．スプロール化した市街地に都市基盤を整備し，良好な居住環境を取り戻すには，甚大なコストを要する．

　農業生産にとっても，スプロールは大きな問題である．生産を継続しようとする農業経営にとって，宅地化の進行に伴う日照・通風の阻害，機械作業上の制約の増加，ゴミ投棄の増加などは営農上の障害となる．また，転用期待の増加，宅地価格の農地への波及は農地流動化の阻害要因となる．さらに，用排水路，農道，集出荷施設などの共同利用施設の地域内での利用密度を低下させ，利用コスト，整備コストを増大させる要因となる．しかも，ひとたび宅地転用された農地を，再び農地へ戻すことは困難である．

　農村におけるもう一つの土地利用の混乱は，「逆スプロール」と比喩される，無秩序な耕作放棄の発生である．耕作放棄は，一般には耕作上不便な農地から進行する．しかしながら，土地所有者の個別の事由により，地域の中では相対的に優良な農地が耕作放棄されることも珍しくはない．所有している農家から見れば不便であっても，他の農家の立場や，団地として見た場合には優良農地である可能性も少なくない．こうした耕作放棄の発生により，

隣接する農地には病虫害の発生などの悪影響が及ぶ．また，スプロール問題と同じように，共同利用施設の利用効率，整備効率の低下を招く．近年は，農地がもつ洪水防止機能や国土保全機能についても注目が高まっており，その機能低下の懸念もある．

このような農村土地利用の混乱の下で，農業生産は大きな構造変化に直面している．国際競争の下で，経営の大規模化，農地流動化は徐々に進展しつつあり，農業経営の担い手は，急峻な地形と農地分散という土地条件の制約のもとで，様々な経営戦略を展開しつつ奮闘している〔八木（2000）〕．水田作経営では，生産調整制度の転換および米価の低下に伴い，さらなる農地の集積や集約作物の導入が求められている．とくに，水稲作から他の作物への転換に際しては，水田に付随する水利施設の維持管理を含めて，より長期的かつ広域的に計画する必要が伴ってくる．

農業の構造変化が進み，農家構成が一様でなくなれば，農家の多数派の意見が，必ずしも最適な土地利用を達成できるものではなくなる懸念もある．このことは，農業集落の都市化・混住化・兼業化の進展との関係で，従来から指摘されてきた点のようにも思われがちであるが，それは，農村で多数派となりつつあった，農業所得の確保を強くは志向しない立場の意見の重視という趣旨からであった．むしろ，地域としての意見の把握（合意形成）や，地域的な活動の支援（活性化）といった大義が重視される一方で，農業生産を行なう農業経営者が弱い立場に置かれることが，看過あるいは当然視されてきたように思える．農業生産においても，地域環境への慎重な配慮が必要とされ，非農家を含む地域住民の土地利用計画策定への参画の要請が強まる中で，真剣に生産を行おうとする農業者が，どこに，どれだけの農地を必要としているかを客観的に説明しなければならない場面は増してきていると考えられる．

近年，日本においても，生産者全体を保護する農産物価格支持政策から，「農村」という公共財の産出や農村環境保全に貢献する農家に対して直接所得補償を行うという，いわゆるクロス・コンプライアンスへの政策転換が進められてきている[注1]．この場合，所得補償の根拠となる，農業者が公共財

産出や環境保全に要するコストは，一つには，私経済的に見て最適な農業生産を展開する場合と，公共的見地から要求される農地利用を実践した場合との所得格差として捉えうる．また，財源が限られる中で，私経済的には十分に維持されないような農地を政策的に保全する必要がある地域では，将来に渡っての農地の潜在的な生産力を知り，計画的に農地保全を行うことが，財政効率から見ても重要である[注2]．

2．研究の課題

以上のような情勢の下で，研究書として本書が扱うテーマは，将来的にみた農地の生産性を，農業経営学の視点から客観的に分析し，土地利用計画に繋げようとするものである．したがって，より学際的な研究分野である農村計画学とも大きく関連する課題である．なお，ここでの土地利用計画とは，法的な強制力を伴うゾーニングに限定するものではない．集落やより広域での農地保全，農地集積，作付の決定といったことをも含む計画である．もちろん，農地の生産性を客観的に示すことにより，法的ゾーニングにおける農地保全基準にも反映することが可能であるが，それには，多様な価値基準との比較考量を含めた，より戦略的な意思決定が必要となってくる．こうした課題への対応として，既往研究では土地分級論とよばれる一連の蓄積があり，本書をまとめるにあたって基礎となった研究（本書後部に初出論文一覧を記載）の相当部分は，土地分級論の新たな展開を試みたものである．

これまでの研究技術に加え，近年は，GIS（Geographical Information System：地理情報システム）の利用が広く普及しつつある．これにより，圃場の面積，傾斜，位置関係といったデータを瞬時にして求めることが可能となった．さらに，異なる図面上に示された土地の情報を，別の図面と重ね合わせて活用することもきわめて容易になっている．また，電子計算機の性能の向上により，大量のデータを用いた計算技術も飛躍的に進歩した．本書では，GISの利用に併せて，線形計画法（linear programming）をはじめとする，数理計画法（mathematical programming）を用いた分析方法を紹介しているが，ここで大量の圃場のデータを用いた計算が可能となったのも，技術進歩

の賜物であろう．しかしながら，日本において，これらの技術を複合させて活用するという段階には，まだ十分に到達していなかったように思われた．これは，とくに日本では，GISが都市計画などの土木工学系の分野において主に活用されてきたのに対し，数理計画法は経営学，経営工学，経済学などの分野で活用されており，それぞれに独立して発展してきたという背景にもよると考えられる．

また，本書では，以上の技術進歩およびそれらの結合だけでは解決されない問題への対応策をいくつか提示している．一つは，圃場などの詳細な単位でのデータ収集の工夫である．とくに，生産性に関する圃場単位の情報は，既存データが利用しづらく，「圃場の生産性は，耕作者に聞いても正確にはわからない」といった諦観さえ聞くことがあった．こうした問題に対し，農作業学や農業土木学における研究蓄積を活用し，GISや数理計画法において分析利用可能な形にすることを試みている．もう一つの試みは，日本の分散錯圃制への対応である．そこには，単純に大量データを用いて数理計画法を適用し，結果をGISに表示するというだけでは解決しない問題が存在している．この課題に対し，本書では，数理計画法の制約式設定の工夫や，実証的な方法によるデータの推計などを用いて，対応を試みている．

なお，続く第1章では，これまでの関連する研究の流れを整理し，本書の分析方法論の大枠を説明する．また最後の第7章では，全体の総括を行っているが，第2章から第6章は，それぞれ対象地域を設定して，各地域が直面している土地利用計画の問題にアプローチしようとしたものである．したがって，関心のある章の順に読み進むことは，全く妨げにならない．なお本書は，数理計画法および線形計画法について，若干の専門知識を必要とする部分を含む．とくに，農業経営学における数理計画法の適用に関しては，農業研究センター(1998)，あるいは工藤(1962a)が，参考になると思われる．

注1) たとえば，福士(1995, 第二章「デカップリングとクロス・コンプライアンス」)では，EUにおけるクロス・コンプライアンスの定義について「農業保護に一定の要件を交差させることで，保護を受け取る農業者の資格を限定し，『既存

の農業保護メカニズムを利用しながら環境サービスを報酬化すること』である．別言すれば，『価格支持に対する農業者の権利を有益な公共財の産出と関係した諸条件と結びつけること』である」と説明している．

注2）たとえば，松田（2004）では，近年のドイツにおいて実施されている農地の生産性把握方法とそれにリンクした所得補償制度について説明している．

第1章　方法論の整理
－土地利用計画における農地の生産性把握について－

写真：イングランド北部の丘陵地．大区画の放牧地が広がり，分散錯圃の日本とは土地利用問題も異なる．

1. はじめに

　土地利用計画の策定に際して，いかなる農地が，将来に渡ってどれだけの生産力を持つのかという問いに答えることは，農業経営学および農村計画論に課せられた大きな使命の一つである．星野（1992）は，土地分級論における農村土地利用計画の課題が，戦後，①農林業内部の利用調整から，②急激な都市化に対する土地利用秩序化と優良農地の確保へ，さらに，③住民主体による計画づくりへと移ってきたと整理している．換言すれば，農地の生産性を判断するための指標の提示に際して，農業内部の調整だけではなく都市的土地利用への転用要求との関係において，あるいは非農家を含む地域住民との関係において，一層の客観性が求められてきているともいえる．

　現在の農村土地利用制度は，①区域の重複，空白，②集落居住区域などの欠落，③2区分方式の硬直性，④団地的な土地利用に対する配慮の不足といった問題があり〔福与（1996）〕，実効的な地区レベルの詳細な計画や法制度が欠落していると言われるが〔水口（1997）〕，こうした中で，都市近郊地域においては，自治体が土地利用調整条例を制定し，市街化調整区域の線引き以上に詳細な土地利用計画を策定する動きが注目されている〔水口（1997）〕．また，中山間地域では直接支払制度の導入により，保全すべき農地の明確化が求められている．したがって，とりわけ，集落レベル，圃場レベルといった詳細な土地利用計画の策定の場面で，将来的な農地の生産性を把握することは，益々重要となりつつある．さらに今日では，これまで，農地とともに維持されてきた，農地の公益的機能を再評価する議論が高まっている．生産性と公益性が補完関係にあるのか，あるいは，トレードオフの関係にあるのか議論はあるとしても，生産性を無視しては，総合的にみてどのような土地利用が望ましいかの評価を行なうことはできない．

　近年，詳細な土地利用計画の策定に際しては，住民の計画策定過程への参加が重視される．そうした場面では，多様な意向やアイデアとともに，政策や土地利用転換が与える影響についての客観的な情報が常に求められる．しかしながら，住民参加の場面で，土地分級論をはじめとする農地の生産性の

把握方法論の蓄積が活かされるケースはむしろまれであると言ってよい．それは，一つには，膨大かつ多岐に渡る関連研究の整理が十分に行われておらず，その得失が十分に理解されていないためでもあろう．

そこで，本章では，土地分級論を中心として，農地の生産力を集落や圃場といった詳細な単位で捉える方法論に焦点をあて，分析方法論別に得失を整理するとともに，本書の第2章以降において採用した数理計画法による土地利用計画方法論および関連する議論を概観するものとしたい．

II. 総合的な視点からの農地の生産性の把握方法論

1. 土地分級に関する方法論上の概念整理

これまで，多くの土地分級論に関する研究がなされてきた．加えて，現に土地分級と題されているもの以外にも，生産性の総合的な把握において有益な研究は多い．

和田（1973b）によると，土地分級の手順は，① 分級単位の設定，すなわち，連続的広がりを持つ土地をある単位で区分し，② 分級基準となる指標の設定を行い，その算出のための客観的尺度（分級尺度）を設定し，③ 基準指標によって範疇区分を行い，最後に ④ 地図化を行うとされている．

また，星野（1992）は，土地分級を「何らかの方法で区分された土地単位を，ある特定の価値基準に沿って質的・量的に序列化し等級区分すること」とし，農村土地利用計画のための土地分級研究を整理している．星野による分類視点は，① 評価基準，すなわち分級基準（農業土地純収益，期待農業所得，行動特性，土地利用適正，地域ビジョン，土地利用自由度，植生自然度，現況評価＋利用意向），② 分級単位（集落単位，1 ha メッシュ，一筆），③ 評価観点，④ 計画のタイプ（農業的か総合的か）および地域範囲，⑤ 計画の課題，すなわち分級目的という項目である．

一方で，土地分級論とは呼称されていないものの，土地条件を表す指標を説明変数として，現実の土地利用配置を従属変数としたモデル化を行い，実証的に土地利用配置を予測する手法も提案されている．また，地図化を目的

としていないものの，農業生産のアウトプットに帰結する要因を計量経済学的に解明した研究や，規範的モデルにより経済的成果を最大化する土地利用配置を導出する地域農業計画論の展開も見られる．たとえば，Groeneveld (2000) では，より広義に土地利用のモデル化（Land Use Modeling）を捉えて，次のような分類の視点から欧米における研究の整理を行っている．すなわち，① 推計手法（Category）：最適化，一般均衡，空間均衡，離散選択，Heuristic, 計量経済，② 範囲（Decision Level）: top か，bottom か，③ 土地利用のタイプ数：1種か，複数か，④ 土地単位（Smallest Aggregation Unit）: Region, Country, Cell, Cite, ⑤ 空間の次元数（Spatial Scale Levels）: 1〜3次元か，それ以上か，⑥ 時系列の扱い（Time Scale）: 静的（Static）か，動的（Dynamic）か，⑦ 目的・対象（Focus），⑧ 従属変数（Production Functions），⑨ シナリオ，⑩ 投入データ，⑪ 対象地域である．この整理によると，日本において異なる学流として展開してきた「土地分級論」，「地域農業計画論」，「土地利用の実証モデル」はいずれも土地利用モデルの一形態ということになる．

　以上の各既往研究について，表1-1のように方法論上の概念整理の対応関係を示すことができる．分級目的に応じた地域範囲が設定されたとき，方法論の決定においては，どのような単位で土地を区分するか，何を基準として分級するか，どのような指標・手法を用いて基準を導出するかについて，幅広く考量しなければなるまい．

　日本においては，和田（1973 b）が「まず第一に処理されねばならない問題」としているように，分散錯圃制によって土地単位と経営単位が一致しないため，経営の経済的アウトプットと土地条件との関係を，クリアに割り出せないという事態が生じる．分散錯圃制の下では，経営規模の拡大は，必ずしも土地の集積による利益の向上をもたらさず，場合によっては，異なる土地利用用途との間との接触を増し，外部不経済を被ることにも繋がりかねない．こうした，解決困難な問題の存在が，日本において多角的な研究展開が見られた背景とも考えられる．そこで以下では，詳細な実態分析を通じて農地の生産性を把握した研究，点数化により土地分級の定量化を行った研究，

表1-1 既往研究における土地分級に関する方法論上の概念整理

	和田（1973 b）	星野（1992）	Groeneveld（2000）
分級の目的は何か？	分級目的	計画の課題	目的
どの程度の地域範囲を対象とするか？	地域範囲	計画のタイプ	範囲 対象地域 空間の次元数
どのような単位で土地を区分するか？	分級単位	分級単位	土地単位
何を基準として分級するか？	分級基準	評価基準	従属変数
どのような指標・手法を用いて基準を導出するか？	分級尺度	評価観点 計画のタイプ	推計手法 土地利用タイプ数 時系列の扱い 投入データ シナリオ

注：星野における計画のタイプには，地域範囲と，対象とする土地利用のタイプを含む．

実証的に土地利用を予測した研究，規範分析により最適な土地利用配置を導出した研究の順に既往研究を概観し，それぞれの長短の考察を通じて，本書における研究の方向を設定したい．

2. 詳細な実態分析を通じた農地の生産性の把握

農業経営学を中心として展開してきた「経済的土地分級論」においては，詳細な実態分析を通じて，実証的に農地の生産性を把握する研究が展開してきた．「土地分類」が，土地を「一定の視点（たとえば生産の視点）からみた共通の性格を有するいくつかの範疇に類別すること」であるのに対し，「土地分級」とは，「土地分類によって類別された土地を，何らかの価値判断（たとえば利用可能性）によって質的・量的に順序づけた等級区分をすること」である．とくに，経済的土地分級と言う場合，「一定の土地ないし地域を，土地と農業経営を総合的にかつ将来期待性の視点からとらえて区分する」ことを指す〔和田（1973 b）p. 109〕．すなわち，土地と経営を一体的に捉えることにより，土地の性質差が，今後の経済的成果にいかに結びつくかを示し，それ

を基準とした区分を行うことに他ならない．

その端緒は，佐賀平野における経済的土地分級の適用〔九州大学農業経営学教室 (1959)〕であるが，土地条件の区分という側面が強く，分散錯圃制下に多様な農業経営が存立するという日本農業の特性が，十分に反映されたものではなかった．これに対し，金沢 (1973) においては，個別の土地条件と農業経営の経済的成果との関連性について理論的に整理した上で，土地条件からみた「生産力可能性分級図」の導出と，そこに存立する経営体の経営経済的指標の考察とを通じた経済的土地分級の適用を積み重ねた．

その後，辻 (1981 a, 1981 b)，森 (1979) では，経済的土地分級の具体的適用と，手法の体系化がはかられた．すなわち，経済的成果に帰結すると考えられる5つ程度の指標の相対的な位置づけをもとに地区別の農業所得形成条件が判断され[注1]，指標の変動をもとに生産力の持続性が判断され，土壌などの外形的条件から作付の自由度が判断される．さらに，以上の各視点からの等級区分の組合せが総合的に判断され，土地分級図が提示される．

しかしながら，経済的土地分級論においては，複数の視点を通じた，総合的な分級結果の導出手順は，オーバーレイ法に基づいた調査者の判断に委ねられており，必ずしも実証に基づく合理的な判断が保証されてはいない．このことについて，金沢 (1973) の一連の研究のうち，水田を対象として経済的土地分級を行った章〔鈴木 (1973 b)〕を例に，検討をしてみよう．手順の概略としては，まず，土壌分類図と，それぞれの土壌分類における稲作収量が提示される．その上で，土壌分類図の上に，経営規模指標を重ね合わせて，「透視しながら集落をグルーピング」し，暫定的土地分級図が導出される（オーバーレイ法）．さらに，この暫定的土地分級図の「意義を確認するために，農業サーベイ」が実施される．農業サーベイの結果を通じて，図1-1に示されたように，耕地面積という変数を媒介項として，土地の生産性が持つ経済的格差が確認されている．しかしながら，図1-1には現われていないが，1戸当り稲作所得の分散はかなり大きくなってしまっている．何よりも，オーバーレイ法によるグルーピング方法，農業サーベイの方法，等級区分の方法といった重要な手順が，十分に体系化されているとはいえず，ケースバ

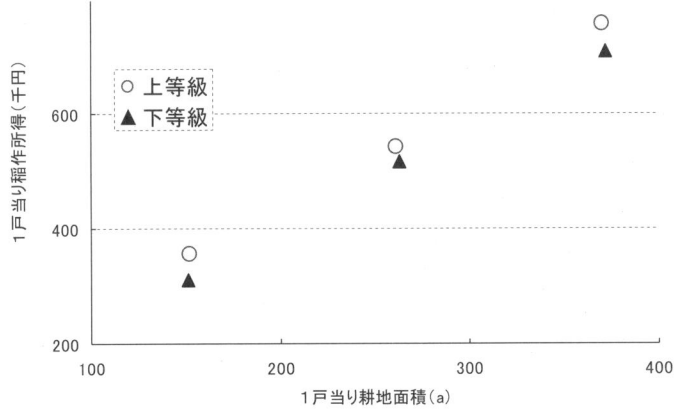

図1-1 経済的土地分級の結果と所得および耕地面積との関係
注)鈴木(1973 b) p.333をもとに筆者作成.

イケースの調査者の判断に委ねられている点は,重大な問題であろう.また,労働をはじめとする投入要素の変化,技術変化,構造変化といった要因を組み込む手順についても不明確であり,分級結果が,経済的成果の期待性を表わしているとは言い難い.経済的土地分級の本来の目的に帰すれば,多様な観点からの複数の分級図を重ねることが重要なのではなく,むしろ,重ねるべき指標から,農業経営の経済的成果を導出する手順こそが重要であろう.

さらに,農業土木学を中心とした一連の研究〔西口(1981)〕においても,土地条件と経済的成果との関係を実態分析により実証的に解明しようとした土地分級論の蓄積がある.坪本(1981)では,柑橘園の傾斜条件を区分した上で,傾斜方向や標高といった条件と,生産物の糖度や酸度との関係を分析している.また,今井(1981)では,ぶどう園の経営分析により,収量と圃場条件との関係を分析している.しかし,今後の課題として示されているように,各要因の影響が,いかにして経済的成果に繋がるかを解明できてはいない.

また,実証的アプローチ以外にも,詳細な経営分析を通じた生産原価の積算により,土地の条件差と経済的成果との関係を試算的に提示した研究があ

る〔松岡 1997, 松岡 1999〕.

3. 土地分級の定量化の試み

　個別の土地単位と農業生産の貨幣的成果との関係の把握が困難である場合，農地の生産性を非貨幣的指標により定量化する方法論が考えられる．土地分級論においても，点数化された定量的指標をいかにして合理的に導くかという手法が展開してきた．

　その一つの方法論が，個々の農地に対して，総合的な観点から点数付けないし等級区分を行った結果を従属変数として，それを説明する土地条件との関係式を求める手法である．その端緒である福原 (1979) では，土地改良換地の点数付けの合理化を試みている．また，黄 (1993) では，個々の農地への専門家による達観的な点数付けを従属変数として，土地条件変数と間の関係式を導出し，土地分級を行う手法を提示している．若干視点が異なるが，遠藤 (1999) では，集落住民が合意した将来土地利用区分と，現況土地利用との間の土地条件ファクターの違いを分析している．しかしながら，いかに現地の事情に通じた専門家であっても，個別の農地に対して，農地として適するか，適さないかという一意の観点のみから，合理的な点数付けを行えるとは考えにくい．むしろこの方法は，地域内の農地をどのように利用するかという既存ないし代替的な土地利用計画が，どういった土地条件や社会的条件の項目を重視しているのかを判定する場合に用いる方が正当であろう．

　和田 (1980 a), 石田 (1983), 辻 (1981 b), 柳澤 (2002) では，経験的に選択された土地条件の説明変数群から，主成分分析や数量化Ⅲ類を用いて，「農業生産力度」などの指標を算出する手法が採られている．主成分分析による土地分級は，農業生産性に作用を及ぼすと考えられる変数を多数取り上げて，それらの合成変数を作り，そのサンプルスコアの大小によって，等級区分を行う方法である．この方法は，従来では扱えない多数の要因を取り扱えるというメリットがある．しかし，能美 (1988) が指摘するように，目的関数が不明瞭であり，分析結果は農業所得などの生産力を説明するものとは限らないという点が大きな問題である．同様の問題点は，数量化Ⅲ類を用いた

II.総合的な視点からの農地の生産性の把握方法論

表1-2 点数付けによる土地分級の定量化を行った既往研究の整理

出所	福原 (1979)	黄 (1993)	遠藤 (1999)	和田 (1980a)	石田 (1983)
地域範囲	1〜数集落	1〜数集落	1〜数集落	市町村	1〜数集落
分級単位	区画	区画	区画	集落	メッシュ
分級基準の導出法	総合的な「達観評価値」を従属変数として推計式を構築	総合的な「達観評価値」を従属変数として推計式を構築	「集落住民の合意による区分」を従属変数として推計式を構築	経験的に用意された変数群から主成分得点を算出	経験的に用意された変数群からサンプルスコアを算出
分級尺度（ ）内：離散変数のカテゴリ数	①土地 (3) ②耕土の深浅 (3) ③形状 (2) ④日照 (2) ⑤障害物 (2) ⑥灌漑 (3) ⑦排水 (3) ⑧主要道路との接道 (2) ⑨農道との接道 (2) ⑩3m未満農道との接道 (2) ⑪用途 (2) ⑫地積	①筆地面積 (4) ②土壌条件 (2) ③現況土地利用 (4) ④筆地形状 (4) ⑤筆地面段差 (3) ⑥団地連続性 (4) ⑦洪水被害 (3) ⑧虫害 (3) ⑨用水 (3) ⑩接道 (2) ⑪通作距離 (4) ⑫最寄家屋 (3) ⑬障害物 (2) ⑭所有者の類型 (4) ⑮所有者意向 (4) ⑯所有者年齢 (3)	①傾斜 (3) ②地滑り (2) ③日照 (3) ④所有者年齢 ⑤用水確保 (4) ⑥収量 (3) ⑦整備状況 (3) ⑧機械進入 (3) ⑨通作難易 (5) ⑩区画規模 (3) 以下は不採用変数 ⑪方位 (4) ⑫標高 (3) ⑬消雪時期 (3) ⑭農業類型 (4)	①戸当経営耕地面積 ②戸当販売金額 ③耕地利用率 ④農家数増減率 ⑤耕地面積増減 ⑥農業就業人口増減 ⑦農業本業農家率 ⑧経営耕地1ha以上農家率 ⑨経営耕地0.5ha未満農家率 ⑩販売金額100万円以上農家率 ⑪販売金額30万円未満農家率 ⑫第二種兼業農家率 ⑬畜産農家率 ⑭施設園芸農家率 ⑮農業就業人口29歳以下比率 ⑯農業就業人口65歳以上比率 ⑰あとつぎ農業専従農家率 ⑱水田率 ⑲樹園地率 ⑳圃場整備面積率	①農用地率 (5) ②農用地規模 (4) ③耕区形状 (2) ④宅地率 (4) ⑤集落用地規模 (4) ⑥最寄集落距離 ⑦道路密度 (2) ⑧市街地距離 (4) ⑨小学校距離 (4)
	下線：水準間の格差1.0以上	下線：偏相関係数0.4以上	下線：アイテムレンジ1.0以上	下線：第一主成分負荷量0.8以上	下線：特徴化係数2.0以上のカテゴリを含む
計算方法	正準相関分析	数量化Ⅰ類	数量化Ⅱ類	主成分分析	数量化第Ⅲ類

方法にも該当する．

　以上の方法に共通するメリットは，複雑に絡み合う土地条件の中から，分級基準に対して決定的となる要因を総合的な視点から析出できる点にあろう．表1-2に，それぞれの研究を整理し，土地条件の変数群すなわち分級尺度について列記した．分級尺度のうち，下線で示した分級基準への寄与の大きい変数としては，農用地の割合や広がり，区画規模，通作難易といった基盤条件だけでなく，経営規模，農家数，経営者の年齢といった農業経営的要件が重要なファクターであることがわかる．

　一方で，住民自身の主体的な努力や改革が，どれほどの具体的成果に繋がるかを示すことは困難である．非貨幣指標を基準としているため，点数の解釈が常に問題となり，たとえば，場所，実施年，観点などが異なる分級図との比較評価や，財政的支援の影響の直接的評価は困難である．また，農用地の広がりや通作条件は，個々の土地単位ではなく，土地同士の配置関係によって規定されるファクターであるが，これらの条件が，個別の土地単位に与えられた変数によって，いかにして合理的に評価されるのか，疑問が残る．

4．実証分析による土地利用モデル

　実証的な方法論とは，回帰分析に代表されるように，現実の事象として観察されたアウトプットに対して，これを説明する変数群ないし要因を明らかにしようとするアプローチである[注2]．このうち，土地利用実態を従属変数としたものが，土地利用予測の実証モデルであり，経済的アウトプットを従属変数としたものが，計量経済学による実証モデルである．

　土地利用予測の実証モデルは，地理学ないし土木計画学の分野を中心として展開されてきた．Verburg (1999) では，時系列の土地利用と経済データを元に，将来土地利用の予測を行っている．また，地理的重み付け行列を用いた土地利用配置の予測〔Brunsdon (1998)〕や100メッシュ単位の農地面積予測〔西前 (1999)〕も試みられている．李 (1999) では，都道府県別の耕地面積減少率を従属変数とした重回帰モデルによる要因分析を行っており，守田 (2003) では100mメッシュ単位に，近隣メッシュの期首土地利用を説明

変数として，宅地化確率を推計している．遠藤（1999）では，圃場単位に，土地利用現況を従属変数として，要因分析を行い，機械侵入の可否，農家類型が重要なファクターであることを実証している．

　農業経済学では，農地からの経済的なアウトプットの算出を，生産関数として表現する実証的な計量経済モデルが開発されてきた．Jones（1995）では，イギリスの32類型のLand Classification Systemのうち，15の土地類型を抽出し，10の営農類型，3段階の集約度，4種の土地利用の約600の営農プロセス別に，利潤と投入要素との関係を，回帰分析により求めている．Errington（1989）では，200農場の要素投入および利潤のデータを用いて，作目別の投入産出係数を導出している．Beteman（1999）では，2段階の回帰モデルにより，生産環境，集約度と純収益との関係を導出し，営農類型別に純収益の期待値を空間表示するに至っている．大江（1988）では，期待価格条件と気象による期待収量条件から求まる期待粗収益条件に基づいて，農家が作付行動を行うとし，市町村単位に期待収量を求める関数を導出している．出村（1988）では，1地点の時系列データを用いて，農薬，肥料の投下量に加え，面積当り土地改良投資額，積算温度，日照時間など気象条件を説明変数とした線形の土地生産性関数を推定している．永木（1991）では，土壌条件に関する考察を加えた後に，生産費調査を用いて，固定資本，労働，流動財投入に加え，肥料投入を考慮したコブダグラス型の生産関数を導出している．また，能美（1988），能美（2001）では，市町村単位の生産農業所得データを従属変数とした重回帰分析の結果を集落単位に当てはめることにより，期待所得の推計を行っているが，説明変数として農業センサスのデータを利用しているため，農地条件などの要因は十分に考慮されていない．

　以上の実証分析のメリットは，決定係数による適合度検定に代表される統計的検定による説明力にある．とくに農業生産の主体的条件や経済条件などが現状どおり推移する場合には強力な方法であるといえる．データが十分に整備可能な広域レベルにおいては，土地利用や農業生産力を規定する要因やそのインパクトを知ることができ，政策的な示唆も大きい．

　一方で，実証分析に共通する問題点として，経済構造や政策変化の考慮の

余地が小さいことが挙げられる．また，変数の選択方法によっては，投入する集計された説明変数が，住民の主体的な努力では操作可能ではない場合も考えられる．さらに，分散錯圃が一般的であるために，経営単位で収集されるデータが，土地単位の特性を表わし得ないという問題もある．たとえば，高山(1987)では，経営単位のデータである，生産費調査の個別結果表の分析を行っているが，経営規模と圃場分散との間の相関性の存在から，圃場分散による生産費への直接的影響は抽出できていない．

5．規範分析による土地利用配分の導出

地域農業計画論では，線形計画法を中心とした数理計画法による，最適な資源の配分量の導出がなされてきた．最も単純な線形計画モデルでは，π を経済的アウトプット，r を利益係数行ベクトル，x を作付プロセス列ベクトルとした目的関数(1)を設定し，

$$\pi = r \cdot x \quad \cdots\cdots\cdots\cdots\cdots\cdots\cdots\cdots\cdots\cdots\cdots\cdots\cdots (1)$$

以下のような資源制約式群(2)の下で π を最大化するように構築される．ここで，b は資源の賦存量列ベクトル A，は技術係数行列である．

$$Ax \leq b, \ x \geq 0 \quad \cdots\cdots\cdots\cdots\cdots\cdots\cdots\cdots\cdots\cdots\cdots (2)$$

西欧では，農場単位はすなわち土地単位であることが多く，比較的単純なモデルにより，最適な農地利用計画を導き出すことが可能である．Groeneveld(2000)では，都市までの輸送費を差し引いた上で，土地条件別の生産関数を最適化する数理計画モデルを提示している．Campbell(1992)では，小国家における農産物の輸出入を考慮した最適土地利用の計画モデルを提示している．Moxey(1994)では，上流の農地から流出する硝酸塩の下流への到達がもたらす環境負荷を踏まえた最適土地利用の計画モデルを提示している．また，Groeneveld(2003)では，生態系を保全しうる土地利用と，

市場から農場までの距離とを考慮した上で，土地利用計画モデルを提示している．

日本では，農業経営学を中心とした地域農業計画論は，土地分級論や土地利用モデルとは別の学流において展開されてきた．これは，集計単位として扱われた土地面積の推計結果をもってしては，元の土地単位へブレークダウンした地図化が困難であることにも起因していると考えられる．土地単位と経営単位が一致しない条件下においては，描かれた計画図が，モザイク状の非効率な計画案になってしまうこともありうる．

このことを，簡単な例を用いて検討してみよう．いま，2種の土地分類（I, II）上において，作目Xを作付するかどうかを決定する，以下のような単純な作付計画モデルを考えるものとする．ここで，π は地域の期待農業所得，$r=(r_I, r_{II})$ は土地分類I〜IIにおける利益係数，変数 $X=(X_I, X_{II})$ は土地分類I〜IIでの作付面積，b は資源の賦存量，A は技術係数とする．

$$\max \pi = r \cdot X, \ A \cdot X \leq b \cdots\cdots\cdots\cdots\cdots\cdots\cdots\cdots\cdots (3)$$

この最適解が，$X_I = 100\%$ 作付，$X_{II} = 0\%$ 作付であったとする．この時，図1-2の例1のように，土地分類が単純であり，そこに存立する経営も比較的一様であれば，最適化の結果が，すなわち，地域の期待農業所得を最大化

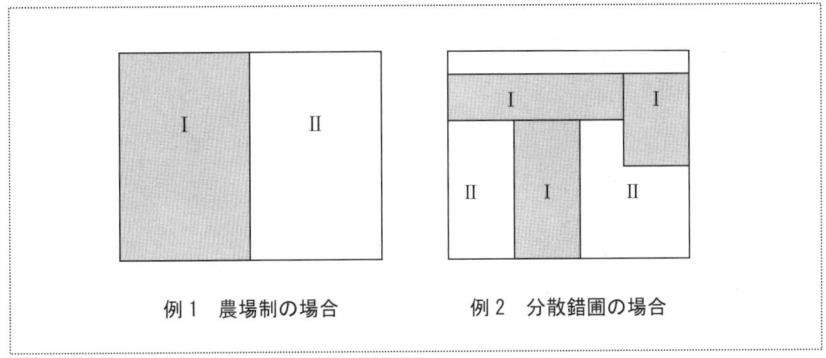

図1-2　分散錯圃下での地域農業計画論の課題に関する模式図

する計画案となりうる．一方，図1-2の例2のように，分散錯圃制の場合には，作付圃場が分散し，集積の利益や，異種土地利用との外部不経済という面から考えて，効率的ではない計画案となるおそれが強い．

規範分析を用いた地域農業計画論の端緒として，工藤（1962 b）による線形計画法の地域農業への適用がある．その後，武藤（1980）による土地分級結果を与件とした土地条件別作付計画，南石（1997）による確率的計画法を用いたリスクの考慮，樋口（1997）による目標計画法を用いた集落農業計画の考案といった多様な展開を見ている．近年では，土田（1992）による団地別の作付計画の提示や，鶴岡（2001）による，整備水準，通作距離，団地化水準などの土地条件が異なる場合のアウトプットの比較など，土地利用計画への適用可能性を高めている．

Moxey（1995）や，大江（1993）では実証分析と比較した規範分析のメリットについて，複雑な技術構造をモデル内に組込み，与件変化に対応した規範的土地利用を導出する点に関しては，数理計画法などの規範分析が優れているとしている．かりに実証分析により，圃場単位などの詳細な土地単位における投入産出関係を導出するとしても，データ収集に困難を伴う上，土地単位レベルの意思決定が空間的配置を通じて地域レベルの成果にいかに結びつくかを示す方法においても課題が多い．また，地域主体による労働投入の増減や財政的支援の影響がいかにして成果に結びつくかを明示的にモデルとして組み込める点においても規範分析が有効である．

一方で，規範分析においては，結果のテストが難しい点が課題として指摘できる．実証分析による知見を生かしつつ，係数設定に関する細心の注意を払わなければ，いたずらに計算結果が氾濫するのみで，現実とのすり合わせがなされない危険性を内包している．

6．農地の生産性把握方法論の整理

以上のように農地の生産性把握について方法論別に整理してきたが，ここでそれぞれの方法論の得失を検討しよう．いま，総合的に農地の生産性を把握しようとする研究方法論のうち，現実の事象を通じて，それを説明する要

因を探ろうとする方法論を実証的分析方法とよぶことができよう．経済的土地分級論，数量化Ⅰ類や数量化Ⅱ類および回帰分析による土地利用変化の実証的予測，計量経済学による生産性の分析といった研究が，これに該当する（表1-3）．そのメリットは，現実の事象から導き出された結果であるという経験的証拠の信頼性にあるといえる．ただし，経済的土地分級論の多くの研究においては，実態分析の結果を，地域全体の計画として反映させる手順において，調査者の判断に委ねられる部分が大きく，実証の手続きからは外れている．

数理計画法などの規範的分析方法は，想定される技術や経済構造が，現状と大きく異なる場合や，望ましい資源配分の導出に際して有効である．

主成分分析や数量化Ⅲ類は，実証的分析方法ではなく，従属変数にあたるデータが入手できなくても適用可能であるが，これらの方法では，技術構造の変化を想定して，将来の生産性に影響を与える変数の選択を合理的に行なうことは，困難であると考えられる．

農業経営への実態分析を中心とした方法のメリットは，調査対象となる個別主体のデータを重視できる点にある．逆に，定量化を目的とした手法では，モデルに組み込めなかった要因や，個別主体データのばらつきを「軽視している」という印象を，地域住民に与えるおそれがある．一方で，定量化を行なうことにより，計画対象地域の農地全体に対して，生産性の評価を数値として提示することができ，計画における明確な判断基準として活用できる．とりわけ，異なる時点や地点，観点からの計画との比較可能性という点では，数値の解釈が容易な貨幣指標による定量化が優れていると考えられる．

7．分析枠組みの採用

土地利用計画の一般的な目的は，将来の社会経済情勢変化を踏まえた上で，土地を最適に利用し，同一土地利用内部の集積の利益を発揮させ，異種土地利用との間の外部不経済を可能な限り低減することにある〔山田（1981）〕．したがって，土地の最適利用，集積の利益，外部不経済といった要

表1-3 農地の生産性の把握方法論とその得失の整理

方法論		実証性	技術・経済構造変化への対応性	個別主体データの重視	他計画との比較可能性
農業経営実態分析	・実態分析による経済的土地分級	△注1)		○	
	・試算計画法 ・生産原価の積算		○	○	
点数による定量化	・数量化Ⅰ類 ・数量化Ⅱ類 ・土地利用変化の予測	○			△注2)
	・主成分分析 ・数量化Ⅲ類				△注2)
貨幣指標定量化	・計量経済学による生産性の分析	○			○
	・数理計画法による地域農業計画		○		○

注1) 実態分析の結果を地域の計画に繁栄させる手順において,実証の範疇を越える.
注2) 計画対象地域の農業全体に対して,生産性の点数化が可能であるが,他計画との比較の際には,点数の解釈が問題となる.

因が十分に考慮可能な方法論が求められる.同時に,与件の操作性[注3)]や結果の再現性を備えさせることにより,住民とのフィードバックの繰り返しの可能性をも担保しうる方法が提示されなければならない.

ここで,土地分級論の整理を借りるならば,本書における分級目的は,農業の生産性という視点から,農地利用の最適化のための詳細な土地利用計画の策定に資することにある.したがって,これを実現するに足る詳細性を確保できるように,地域範囲は,市町村ないし集落レベルとする.また,分級単位は,集落単位ないし圃場単位となる必要がある.分級基準は,異時点,異地点,異目的地図間の比較可能性や,政策評価を織り込む場合の操作性を確保する為にも,非貨幣指標よりも,貨幣指標に基づくことが望ましい.すなわち,将来の農業経営の経済的成果を基準として土地を分級する経済的土

Ⅱ. 総合的な視点からの農地の生産性の把握方法論

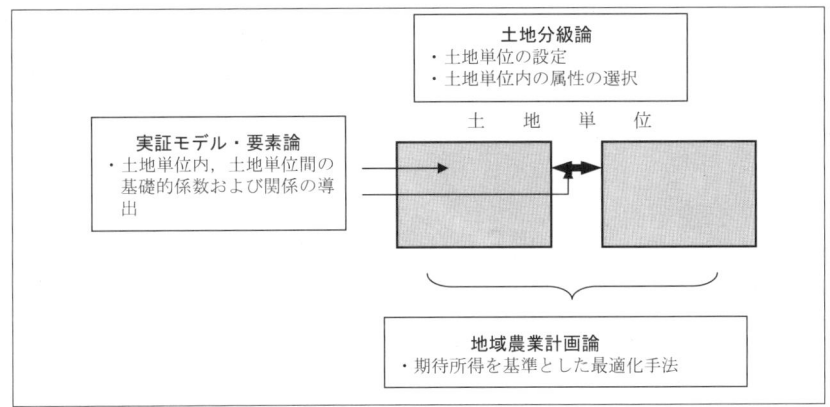

図1-3 本書の分析方法論と既往研究分野との関係

地分級と同様の立場を取るものとする．とくに，地域住民レベルでの操作性から考えると，経済的アウトプットに応じて，主体的に労働投入水準を決定可能なモデルが望ましいと考えられる．そこで，労働時間を貨幣換算し生産費に包含して算出する土地純収益ではなく，インプットとしての労働投入水準と対応するかたちで求まる期待農業所得を分級基準とした議論を展開するものとする．

現状のデータ整備状況やデータの収集技術から見て，実証モデルにより空間的配置を考慮した土地分級手法を構築するのには限界があると考えられる．したがって，集積の利益や外部不経済といった要因をモデルに組み込める可能性を持っている，線形計画法を中心とした規範分析による方法論の構築を行うものとしたい．

図1-3に本書の分析方法論と既往研究分野との関係を示した．GISなどの情報技術を活用した土地単位の設定と土地属性の取捨選択方法においては，土地分級論の蓄積が参考となろう．また，土地単位内での属性を表わす指標および土地単位間の空間配置による影響を示す指標といった基礎的係数の導出においては，実証モデルや生産性に関連する要素論を参考とすべきである．以上の要素を用いて，地域の期待所得を基準として最適な土地利用を求

めるに当っては，地域農業計画論の蓄積に学ぶところが大きい.

III. 規範分析による農地の生産性把握に関する整理

1. 規範分析による農地の生産性把握の枠組み

いま，(4)式のような目的関数を(5)式の制約式群のもとで最大化するような線形計画モデルを考えるものとする．ここで，r は利益係数ベクトル，$X = {}^t(X_1 \cdots X_i \cdots)$ は土地 i での作付面積変数，c は土地単位間に生じるコスト，$E = {}^t(E_1 \cdots E_j \cdots)$ は土地の空間的な配置を示す変数であり（t は転置を表す），b は資源の制約量の列ベクトル，A, B は技術係数行列である．資源の制約量 b や，利益係数 r を構成する生産物価格が変化すれば，最適解となる X は順次変化する．したがって，労働供給や農産物需要といった社会経済条件の変化に応じて，土地利用と期待所得の組合せが導出できることになる．換言すれば，社会経済条件の変化予見の下で，期待所得を基準として，土地 i にどれだけ作付を行うかの，順序付けを行うことが出来る．すなわち，これが土地分級論で言う期待所得土地分級に相当することになる．

$$\max \pi = r \cdot X - c \cdot E \cdots\cdots\cdots\cdots\cdots\cdots\cdots\cdots\cdots\cdots\cdots\cdots (4)$$

$$A \cdot X + B \cdot E \leq b \cdots\cdots\cdots\cdots\cdots\cdots\cdots\cdots\cdots\cdots\cdots\cdots\cdots (5)$$

以上のような規範モデルの構築に当っては，その係数設定に際して，さまざまな実証分析やデータの推計が必要となる．差し当っては，土地生産性に関する利益係数 r，および労働生産性に関する技術係数 A の設定が必要となる．

こうした，土地単位内の生産性に関わる問題に加え，土地単位間の空間的配置により生じる要因を考慮しなければならない．そのためには，変数 E や係数 c の設定方法，および制約式の構築に関わる工夫が必要となるだろう．

2. 土地単位内における技術係数の設定に関する議論

1) 土地生産性

圃場個々の収量差，経費差からなる土地生産性の把握は，作付の最適配置を目的として，研究が進められて来た分野である．もとより，土壌肥料学を中心とする分野では，土壌分類と土地生産性との関係性の導出に大いに貢献してきている〔たとえば，土壌保全調査事業全国協議会 (1991)〕．Burnham (1987) では，イングランドにおいて，FBS (Farm Business Survey) による生産物収量の平均値と分散に関して，土壌分級結果との関連性を分析している．また，気象条件が土地生産性に与える影響についても蓄積が厚い．近年では，GIS やリモートセンシング技術などとの連携が図られ，一層の展開が期待される分野である．

とはいえ，現時点では，圃場単位レベルで投入と産出との関係を低コストで把握することは難しいと言わざるを得ない．この点に関しては，生産履歴情報への要求の強まりと今後の情報技術の発達により，圃場単位レベルでも投入資材や栽培管理，収穫の履歴が記録されるようになれば，将来実現される可能性がある．

土地の質に関するこうした知見の応用は，農業経済学において，かねてより導入が試みられてきた〔たとえば，伊東 (1973)，和田 (1973 c)，武藤 (1980)〕．農業経済学の視点から土地の質を評価する場合，和田 (1973 a) (p. 80) が指摘しているように，「生産要素として土地の持つ個々の性格（面積，分散，豊度，地形など）と経営生産構造との関係についての個別的実証分析」よりも，「複雑な諸性格の統合体としての土地」に対して「土地要因と経営の成果や構造を直接関連せしめるような総合的な分析」こそが，重要な課題として指摘できる．

同様に，生源寺 (1990) では，江川 (1975) を取り上げ，土壌肥料の分野においても，地力や土壌肥沃度は，気象条件，土地改良や土壌改良，さらに栽培管理の良否によっても変化するものであると認識されていることを指摘し，さらに経済学的視点としては，農業の投入，産出に関して，① 生産要素

と生産物の価格，②農業生産を行う経済主体の行動原理も，地力や土壌肥沃度に影響を与える要因に加えられるとしている．

経営として達成された成果のうち，土地本来の潜在的生産性に起因する部分を解明しようとした研究として，生源寺（1990）（p.25）は北海道稲作を対象として，市町村別にみて低収量地域でより冷害が発生しやすく，その収益の格差においては，収量要因が費用要因に比べて重要であることを指摘している．平泉（1995）では，27経営のデータを用いて，借地率，圃場分散度，地区別単収格差，暗渠設置率を説明変数として，重回帰分析により，水稲収量への影響を考察している．また，土田（1994）では，前後作の関係，品種差による影響を考慮して，団地別に土地の持つ潜在的な生産力を推計する方法を提案している．

本書では，農業試験場の野菜別生産性データの利用（第2章），アンケートによる地区別の水稲収量の把握（第4章），留置調査票および面接調査による水稲収量の把握と圃場別推計（第5章），生産費調査の利用（第6章）といった方法により，土地生産性の把握を行っている．

2）労働生産性

土地単位ごとの労働生産性の把握方法については，戦後の一貫した賃金水準上昇傾向の中で，分析が傾注されてきた分野である．面積に比例した労働技術係数については，主に都道府県の試験研究機関が中心となって「標準技術体系」あるいは「作物別経済性指標」といった名称で数年おきに公刊されている〔たとえば農業研究センター（2000）〕．

一方，機械作業については，区画の規模や形状，機械の性能により作業能率が大きく異なってくる．遠藤（1968）では，耕起・整地，播種，収穫などの機械作業において，機械の形式諸元をもとに，圃場の区画形状に応じた，圃場作業量を導出している．たとえば，耕耘作業（ロータリーによる連接往復＋回り法）の作業時間 T の算定式は，式（6）のように表せる．したがって，x, y という圃場の形状を示す係数と，作業行程や機械の性能を示すいくつかの係数を代入すれば，区画形状に応じた機械作業の技術係数が導出可能となる．

$$T = \frac{xy}{vw} + \left(\frac{x-2nw}{w} - 1\right)t_1 + 4nt_2 + t_C + t_D + t_E \cdots\cdots(6)$$

但し，$x=$ 実作業圃場短辺長，$y=$ 実作業圃場長辺長，
$n=$ 枕地回行作業行程回数，$w=$ 有効作業幅，$v=$ 有効作業速度，
$t_1=u$ 旋回（各辺）所要時間，$t_2=\varDelta$ 旋回（四隅）所要時間，
$t_C=$ 圃場内移動時間，$t_D=$ 圃場内調整時間，$t_E=$ 小故障など休止時間
である．

その後，富樫（1995）では，水稲における耕起，代かき，田植，収穫の各作業において，有効作業効率と圃場の規模との関係を導出している．平泉（1990）では，水稲耕耘作業および収穫作業について圃場区画による影響を分析している．細川（2002）では，狭小・不整型区画における田植作業の効率について解析している．また，機械の性能，圃場区画，作業行程などに応じた圃場作業量のシミュレーションモデルの開発もなされている〔権藤（1992）〕．

圃場本地での作業のみならず，地区の傾斜度と圃場区画に応じた畦畔管理作業時間の推計方法についても研究がなされている〔たとえば木村（1994），有田（1994）〕．

本書では，農業試験場の野菜別生産性データの利用（第2章），タイムスタディをもとにした，圃場別の水稲機械作業時間の推計（第5章），傾斜度，圃場区画面積をもとにした草刈り作業時間の加算（第6章）を行っている．

3．土地単位間の空間配置による影響に関する議論

日本における分散錯圃制が，期待所得土地分級の展開の大きな障害になってきたことはすでに指摘してきたとおりである．圃場の分散性が，期待所得などの経済的成果に与える影響としては，共同利用施設の利用度や移動効率の向上といった農地集積による利益の発揮が阻害される点と，宅地や耕作放棄地などの異種土地利用と農地との間で生じる外部不経済の問題とが考えられる．

1) 農地集積による利益

土地の集積が，地域全体の経済的成果の向上にいかに結びつくかを考える際に，重要な要素としては，共同利用施設の利用度と移動効率とが考えられる．

共同利用施設については，固定費として扱い，整数計画法を適用する方法が提案されている〔たとえば，武藤 (1980)，大石 (1998)〕．一方，分散錯圃下における移動効率について，高橋 (1963) では，農業経営調査に基づき，燃料費および移動時間の賃金換算をもとに移動コストを算出している．線形計画モデルでは，団地の距離別に技術係数に移動時間を含める方法が採られたり〔土田 (1992)，鶴岡 (2001)〕，農場から市場への距離により生じるコストを利益係数に反映させる例もみられる．近年では，遺伝的アルゴリズムなどのプログラミング手法を用いて，既定の品種別作付面積下において圃場分散度を最小にする作業単位の導出を行う方法も開発されている〔大黒 (2003)〕．

移動時間が全体の労働生産性に与える影響について，本書では，数理計画法において移動に関する制約式を設定することにより，移動回数を明示的に取り扱う方法を提案している（第2章，第5章，第6章）．また，共同利用施設については，とくに水利施設を対象として，整数計画法を適用する方法を採用している（第4章，第5章）．

2) 外部不経済

土地単位間に生じる外部不経済のうち，都市化，宅地化にともなう外部不経済について，影響項目の整理やアンケートによる影響状況の把握がなされてきた〔たとえば，神戸 (1971)，竹歳 (2000)〕．一方，農業との隣接から，地域住民が感じる迷惑についても研究がなされている〔竹歳 (2000)，加藤 (2000)，武部 (1990)〕（表1-4）．また，耕作放棄地に起因する周辺への外部不経済について，木村 (1993)（pp.54〜55）は，① 隣接区画への直接的影響として，雑草の繁茂による病虫害，鳥獣害の発生，植林による日照阻害を，② 共同利用施設の間接的影響として，水路や道路管理の粗放化に伴う通作や水管理の不便を挙げている．また，1995年農業センサス農村地域環境総合調査

表1-4 既往研究における都市化，宅地化による外部不経済の把握

出所	神戸 (1971)	竹歳 (2000)		加藤 (2000)	武部 (1990)
設問	「都市化公害による悪い影響」神奈川県(都市近接地域)	大阪府政モニター・アンケート $n=201$		「農業に関し日常気になるか困ること」MA 道路を挟んで圃場と隣接する3地区. $n=190$	「農業に対する悪いイメージ」MA 高槻市 $n=999$
		「都市域内の農家が被っている迷惑」MA	「居住地域に農業・農地があることの欠点」MA		
項目	水質汚濁 36％ 犬による害 23％ 耕作放置地による害 18％ 砂塵などによる作物被害 11％ 子供の遊び場になる 11％ いたずら，盗難 11％ 圃場への往復困難など 9％ 日照・通風の阻害 7％	用水汚染 55.6％ 作物の踏み荒し 23.0％ 収穫物の盗難 25.4％ ごみの投棄 65.1％	農薬飛散 62.2％ 害虫 40.3％ 悪臭 21.9％ けむり 11.4％ 土ほこり 10.9％ 農作業の騒音 10.4％	農薬飛散 35％～45％ 畜産臭い 35％～40％ 焼却の煙 35％ 作業機音 30％ 航空防除 25％～30％ 砂ぼこり 25％～30％ 除草剤臭 20％～25％ (性別ごとに棒グラフで提示)	農薬散布 45％ 蛙の鳴き声 21％ 悪臭 14％ トラクターが交通妨害 9％ 農業機械の騒音 8％

においては，耕地の荒廃が原因で発生した被害の有無ついて，旧市町村を対象に調査を実施しており，病虫害，圃場の荒廃，鳥獣害といった被害が報告されている．

外部不経済の定量的把握方法としては，ヘドニック法が考えられる．たとえば，Folland (2000) による原子力発電所付近の農地価格に基づく，放射能リスクの外部不経済評価がある．また，農業による多面的機能の貨幣評価も行われている．しかし，Nelson (1992) が指摘しているように，現実の地価から農地の農業生産的価値を見いだすのには限界がある．

隣接土地利用による影響を，実証的に捉える方法として，メッシュ土地利用情報を利用した解析もなされている〔守田 (2003)〕．また，土地利用混在の定量化への努力も進められてきた．たとえば，隣接するセル間の異種用途の接触を示すJOIN値などによる土地利用混在指標の導出〔玉川 (1982)〕，

メッシュ内に異種用途が存在する度合いを示す指標の導出〔阿部（1976）〕などが見られる．しかし，外部不経済の発生と農地と異種土地利用との近接が，どの程度の関連性があるのかを示した実証研究が依然として不足しているのが現状である．

本書の第3章では，JOIN 値および耕作放棄地率の上昇が，地域の農業生産および居住環境にどの程度の影響を与えるかを分析している．また，隣地において，宅地化や耕作放棄地化が進行した場合の，農業生産への影響を加味した，農地利用の最適化モデルを提示している（第2章，第5章）．

IV. 分析課題の構成

次章以降では，地域条件に即した土地利用計画問題への現実的適用について論じる．とくに，土地単位内の土地生産性，労働生産性はもとより，土地単位間に生じる，集積の利益，外部不経済を分析の対象に含めることを重視したい．表1-5に本書次章以下における分析の章別構成を示した．

第2章では都市農業を対象とした分析を行う．農業生産活動の都市側への

表1-5 本書の章別構成

土地単位＼対象地域	都市農業	都市近郊〜平坦地域	中山間地域
区画レベル	**2章** 土地単位内：区画面積による効率差を考慮． 土地単位間：移動効率，都市化による外部不経済，地域の農地賦存量の考慮．	**3章** 土地単位間：都市化，耕作放棄地化による外部不経済と土地利用との関係の把握．	**5章** 土地単位内：区画面積，用水の便，日射量，山からの距離による生産性差を考慮． 土地単位間：移動効率，水利施設利用コスト，耕作放棄による外部不経済の考慮．
地区レベル		**4章** 土地単位内：生産物収量，圃場整備水準，地区内の都市化による外部不経済の考慮． 土地単位間：水利施設利用コストの考慮．	**6章** 土地単位内：区画面積，傾斜条件，一定範囲内の農地賦存量による効率差の考慮． 土地単位間：移動効率の考慮．

Ⅳ. 分析課題の構成

フロンティアである都市農業においては，都市的土地利用への個別具体的な土地利用転換問題に直面している．こうした地域では，圃場の区画を単位とした即地的な土地利用計画が必要となる．とくに，狭小な区画面積，宅地化による外部不経済，移動の不便といった要素の加味が必要であろう．そこで，土地単位内の属性として各々の区画面積を考慮し，土地単位間に生じる移動効率や外部不経済の影響を分析の枠内に入れた区画単位の期待所得土地分級を試みる．

第3章で扱う外部不経済の実態について，これまで，アンケートなどによる項目の把握は行われているが，土地利用との関係性が十分に把握されていない．そこで，非農業土地利用と農地との間で生じる外部不経済の把握と予測を行うものとする．ここでの方法論は，第2章および第4～6章とは異なり，規範モデルを用いて農地利用計画を導出しようとしたものではないが，外部不経済への対応は本書を通じた重要なテーマである．

第4章では，都市近郊の平坦地を対象とした分析を行う．大規模な経営が展開するこうした地域では，より地域的な見地から，土地利用の戦略を決定する必要がある．そこで，地区を単位とした分級モデルを構築する．その際，広域的な共同利用施設の配置を分析の視野に入れるものとする．

第5章で対象とした中山間地域では，担い手の減少にともなう農地管理の粗放化に対応した農地保全計画が必要となる．粗放化の進行のもとで，スプロール状の耕作放棄に対して，農地がフロンティアに立たされていると言えよう．そこで，耕作放棄による外部不経済の影響を考慮した区画単位の分級モデルを構築するものとしたい．

また第6章では，農業地域別データを用いた地区レベルの規範分析により，圃場条件，通作条件の与える農業所得へ影響を推計し，中山間地域において争点となっている大規模経営の成立可能性を検討するものとする．

第7章において，以上の分析を通じた総括および展望を行うものとする．その際，関連する近年の注目すべき動向について触れることにより，今後の研究展望の足がかりを示すものとしたい．

注1) たとえば，5指標中3指標以上が上位のランクにある地区を条件が優等な地区と判断するといった方法が採られている．

注2) たとえば，Keynes (1917) では，「実証的科学は，あるものに関する体系化された一群の知識として定義されるだろう．規範的あるいは規制的科学は，あるべきものの基準に関係し，したがって，現実とは区別された理想に関する体系化された一群の知識として定義される（訳書 p. 25-26）」としている．Friedman (1953) では，「実証的経済学の課題は，事態のどんな変化についてもその諸結果について正しい予測をするのに使用できるような一般命題の体系を提供することである（訳書 p. 4）」としている．Graaff (1967) は，厚生経済学における規範的理論と，実証経済学における実証的理論との差異について，「それは，厚生が実際に増加したか否かを見出そうとするときに発生する（訳書 p. 5）」とし，「実証経済学においてある理論を検証する通常の方法は，その結論を検証することであるのに対し，厚生上の命題を検証する通常の方法は，その仮定を検証するということである（訳書 p. 5）」としている．Keynes（前掲 p. 25 補注）自身が認めるように，実証的あるいは規範的という用語使用が，それぞれの研究を特徴づけるのに，全く満足というわけではないが，差し当り本論ではこれに倣った．

注3) もちろん，ここでの操作性とは，社会科学上の用語であり，ソフトウェアの操作のしやすさや，手法の単純性を意味するものでは無い．あえて定義すれば，インプットや係数のいくつかを地域住民レベルで認知でき，投入水準の意思決定ができるような方法論が，操作性を備えていると言える．操作性を備えることにより，社会科学的な法則の記述や未来の予見だけではなく，主体的な意思決定を評価可能な，計画論としての意義が生じる．

第2章　都市農地の保全計画
－外部不経済と移動効率の影響を考慮して－

写真：都市部の多品目野菜栽培の畑．トラクターで街の中を移動する時は，道路が汚れないように気をつかう．

第2章　都市農地の保全計画

1. 背景と課題

　都市部の農地では，道路や緑地等の都市基盤の未整備も相まって，その公益的価値が重視される．とくに昨今は，単に緑地としてではなく農産物を生産する農地に対して，交流や，新鮮な農産物の供給といった価値を求める声が強くなっている．しかしながら，主として三大都市圏において都市農地の保全を担保すべき生産緑地制度は，当初より「面的な農地保全を保証するものではない」といわれている[注1]．ひとつには，近年の実態分析〔岸(1997)〕にも示されているように，生産緑地の指定が個別農家の申請によって行われ，計画的宅地化の視点が欠如する点が挙げられる．また，農業者による生産緑地の耕作が困難となった場合に，市町村がこれを買い上げて公共目的に利用する買取り申請制度についても，財政難などの理由からほとんど実施が困難であることが指摘されている〔發地(1995)〕．たとえば市街化区域内農地への宅地並み課税が実施されている首都圏特定市へのアンケート調査により，買取り申請への対応状況を調査した研究〔渡辺(2003)〕によると，買取りの実施は，申請面積の僅か1.9％であり，斡旋の実施では0.1％に過ぎないことを示している．生産緑地面積は年々減少しているが，その一方で，資産保全のために粗放的な農地利用を継続する農家の課税負担を軽減することに対しては，市民合意を得られないと思われる[注2]．したがって，財政的な限界がある中で，いかに市民の需要に応えうる農業を効率的に営んでいけるかが課題となっているのである．

　このような背景の下で，計画的に都市農地を保全するために，自治体によっては，生産緑地指定の区画単位での買取りや追加指定の判断基準を独自に設ける例も見られる．表2-1に，2つの事例を示したが，農地としての生産条件，緑地としての価値，および公共施設立地予定の有無が判断基準の中心となっている．近年，主として都市計画や緑地計画の分野において，都市防災やアメニティ確保といった見地から都市農地の定量的評価がなされつつあるが〔都市農業共生空間研究会(2002)〕，ことに農業経済学分野に対しては，都市農地の農業生産条件に関する，農地保全基準の提示が求められているの

表2-1 首都圏自治体における生産緑地の保全に関する独自基準の設定事例

保全の根拠	東京都K市における判断基準[注1]	東京都E区における判断基準[注2]
農地としての生産条件	規模（〜20 a, 20 a〜, 1 ha〜），連坦性（2 ha, 5 ha），形状（整形，不整形），宅地化農地や住宅地との混在状況，駅からの距離，幹線道路沿道，用途指定の状況．	「集積型」：現在，農地が集積している地域内にあり，今後も集積の保全を目的とした地域内にあるかどうか．
緑地としての公共的価値	浸水危険区域内および周辺の農地かどうか，避難場所との隣接状況，人口密度（100人/ha，120人/ha），農地の連坦状況（2 ha, 5 ha），学校・公共施設との隣接状況．	「公園不足地域型」：100 m^2 以上の公園周辺250 m圏域をみるときに，公園が不足していると思われる地域にあるかどうか．
公共施設の立地予定	都市計画道路予定地かどうか，公園緑地の計画予定地またはその周辺かどうか，面的整備誘導区域内かどうか．	「都市計画型」：土地区画整理事業施行予定区域，大規模都市計画公園予定区域，都市計画道路予定地など都市計画上必要となる地域にあるかどうか．

注：1) K市資料より
　　2) 渡辺（1998）より

である．

　これまで，農地保全基準の提示のための土地分級手法に関する研究の蓄積はきわめて厚い．こうした中で，都市農業における要請に対応するためにいかなる方法が提示可能であろうか[注3]．まず，第一の視点は，分級単位の設定問題である．生産緑地は，すでに相当程度まで宅地に囲まれており，細分化された区画で，集約的な農業が営まれている．これらの生産緑地指定の区画単位に，保全の必要性を吟味していくことが，自治体への情報提供としても重要である．

　第二の視点として，外部不経済の問題が指摘できる．都市農業においては，都市化に起因する農業生産への影響は避けて通れない．宅地との近接は日照阻害の問題を引き起こし，道路に隣接する部分では通行人や地域居住環境への配慮が必要である．これまで，こうした都市化による外部不経済については，項目の整理やアンケートによる問題把握に留まっており〔神戸

(1971), 加藤 (2000)〕, その経済的影響を評価したものはほとんどない.

　第三に, 移動効率の考慮が必要である. 一般に, 圃場区画面積が一日の作業単位に満たないと, 非効率な移動が発生する. また, 農業の集約化や鮮度の追求に伴って圃場への通作回数も多くなる. 既往研究〔土田 (1992), 鶴岡 (2001)〕では, 数理計画モデルを用いて, 圃場の団地化の程度と通作距離を反映した圃場利用計画を策定しているが, 移動時間を作業単位などの面積で除して, 面積当り労働時間の技術係数に加算しているため, 作付面積と作業単位との不一致に伴う移動の非効率が反映されない. また, 移動のために費消された時間や経費が明示的には示されないという操作性上の問題がある.

　第四に, 営農類型の問題の考慮が必要である. もともと都市近郊では, 市場への近接性を背景とした生鮮野菜栽培が盛んであるが, 近年は, 地域住民を販売先とした庭先での直売が盛んになっている[注4]. こうした経営は, 地域住民の需要に応じて多様な野菜を少量ずつ販売しているため, 既往の作物別の営農類型では捉えきれない. また, 多品目化に伴い, 外部不経済の発生や移動効率についても品目数が少ない場合とは異なってくる.

　以上の問題整理を踏まえ, 本章では, 区画単位の土地利用が外部不経済や移動時間の存在を通じて, 地域の農業所得にいかに反映されるかを示す規範モデルを構築し, 生産緑地区画別の農業経済的価値を示す土地分級結果を提示する. その中で, 地域住民への直売を行う営農類型を含む, 複数の営農類型を扱うものとする.

II. 分析方法

1. 事例地域

　本章では, 東京都K市を事例として採用する. とくに, 線形計画モデルの適用においては, 同市の南東部地区の40区画を対象とする. 同市は, 都心部から約20 km, 鉄道でほぼ30分の位置にある. 市人口は1940年～1980年にかけて急増したが, その後, 人口の伸び率はおさまっている. 農地面積 (2003年) は180 haで, 市域の約16％を占めており, このうち生産緑地面積

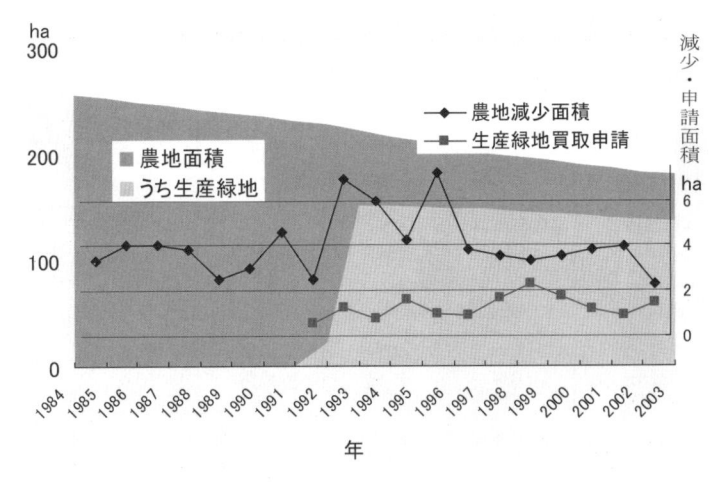

図2-1 K市の農地面積の推移

は1992年時点の151 haから若干減少し，2003年には136 ha（市域の11.9％）となっている（図2-1）．生産緑地の区画規模は，都市化の進行に伴って農地が分断され，区画数においては10～50 a程度の区画規模が中心となっている．買取り申請のうち，実際に買取りが行われたケースは，これまで2.6 a（1件）のみであるが（2004年12月時点），1992年の生産緑地法改正以降始めて，2004年1月に4.1 ha（36件）が追加指定されている．

　農業生産の所得形成力は高く，農家戸数273戸のうち主業農家が79戸（29％）を占め，準主業農家まで含めると173戸（63％）に達する（2000年）．農業粗生産額6億2千万円（2000年）のうち，野菜が半分を占めるが，とくに10年ほど前より地域住民を販売先とした，庭先での直売が広まっている．このような庭先直売による多品目野菜栽培型の経営の概況について，主業農家層への聞取り調査を行った結果を，表2-2に示した．これらの経営では，年間30～50品目の野菜を作付け，庭先や畑の側に簡易な直売用の施設を設けて販売し，ここから所得の主要な部分を得ている．土地生産性（10 a当り農業所得）は，およそ40万円～70万円/10 aで，梨などの果樹や施設野菜には及ばないが，比較的土地集約的であるといえる．一方，労働生産性（年間労働投入1時間当り農業所得）は，700円～1,100円/時間で，必ずしも高くはない

表2-2 K市内多品目野菜直売経営の概況

		A経営	B経営	C経営	D経営	E経営
主/副業別		主業	主業	主業	主業	準主業
経営耕地面積		1.2 ha	2.3 ha	1.7 ha	1.3 ha	0.9 a
圃場分散	0.5 km以内	105 a (3)	160 a (2)	—	25 a (2)	90 a (2)
	1 km以内	15 a	30 a	160 a (4)	15 a	—
	5 km以内	—	40 a	10 a	35 a (2)	—
	10 km以内	—	—	—	50 a	—
販路	庭先販売	70 %	40 %	50 %	90 %	70 %
	共同直売所	10 %	10 %	30 %	10 %	30 %
	契約販売	—	40 %	20 %	—	—
	市場出荷	20 %	—	—	—	—
	学校給食	—	10 %	—	—	—
所得	農業所得	900万円	900万円	1,300万円	600万円	600万円
	農業所得率	100 %	100 %	80 %	60 %	40 %
労働	家族労働力	4人	4人	3人	4人	4人
	雇用労働力	—	—	2,590時間	—	—
	ボランティア	200時間	280時間	2,920時間	—	1,370時間
	年労働投入計	12,500時間	12,680時間	11,920時間	7,120時間	8,470時間
指標	土地生産性 10 a当り所得	75万円/10 a	39万円/10 a	76万円/10 a	46万円/10 a	67万円/10 a
	労働生産性 1時間当り所得	720円/時間	710円/時間	1,090円/時間	840円/時間	710円/時間

出所:聞取り調査(2001年)より.圃場分散の( )内は箇所数.

が,近年は,地域住民が農作業に参加する「援農ボランティア」の試みもなされており,導入している経営も見られる.

2. 営農類型の設定

本論では,営農類型として都市農業における多品目野菜直売経営(以下「直売経営」:記号 d)を設定し,分析を進める.また比較検討のために,直売経営に比べて集約度の低い市場出荷型の露地野菜経営(記号 v)と,より集約度の高い施設野菜経営(記号 g)の2営農類型を設定する.

II. 分析方法

表2-3 直売経営における土地利用の類型化

通作距離	土地利用類型	作付		収穫期間[注1]	10a当り利益[注2]	〈参考〉作付実例[注3]
↑ 近い	da	ナス	5a	◎	◎	1
		キュウリ	5a	◎	◎	1
		トマト	5a	◎	◎	2
		ネギ	5a	○	◎	1
		エダマメ	5a	○	◎	2
		ホウレンソウ	15a	○	◎	2
		キャベツ	10a	○	○	3
	db	ニンジン	10a	○	○	4
		ダイコン	15a	○	○	4
		ブロッコリ	10a	○	△	3
		スイートコーン	15a	○	△	4
遠い ↓	dc	サトイモ	15a	△	○	4
		タマネギ	10a	△	○	-
		ジャガイモ	10a	△	△	4
		サツマイモ	15a	△	△	-

注：1) 収穫期間；◎：3カ月以上，○：3カ月未満，△：収穫週1回．
2) 10a当り利益；◎：50万円以上，○：20万円以上，△：20万円未満．
3) 作付実例は，経営耕地面積1.3 haの主業経営D（農業所得600万円．年間労働投入7,120時間）における自宅からの距離帯別の圃場作付実績（2001年）．1：自宅から0.5 km以内，2：1 km以内，3：5 km以内，4：10 km以内，-：作付なし．

　直売経営は，30種類を越える野菜を小面積ずつ作付けすることにより，地域内での多様な需要に応えた販売を行っている．これらの多様な作目について，一作物ごとに別個の土地利用として扱うのは分析上現実的ではない．そこで，本論では，都市農家へのヒアリング調査をもとに[注5]，直売経営における作目を3つにグルーピングし，土地利用類型 da, db, dc を表2-3のように設定した[注6]．一般に，集約的な作目ほど自宅に近い圃場に作付けられる傾向はよく知られている．とりわけ直売経営では，鮮度の高い野菜を少量ずつ供給するために，収穫期を迎えた野菜を一度に収穫するのではなく，毎日あるいは半日単位で収穫する．このため，果菜などの収穫期の長い野菜を自宅近くに配置する．逆に，鮮度への期待が比較的弱く，週に一度の収穫で済

表 2-4 営農類型・土地利用類型の諸係数設定[注]

営農類型 土地利用類型		直売 d			露地野菜 v	施設野菜 g
		da	db	dc		
面積当り利益係数 r (円/a)		80,520	27,700	29,370	21,000	130,000
1日当り直売野菜 収穫作業時間 h (時間/a)	5月 6月 7月	0.15 0.09 0.16	0.016 0.016 0.018	− − −	− − −	− − −
通常作業時間 m (時間/a)	5月 6月 7月	0.24 1.51 0.71	0.15 0.18 0.46	1.93 0.37 0.40	0.5 3.9 2.1	17.8 17.4 1.5
トラクター作業時間 t (時間/a)	5月 6月 7月	0.32 0.48 1.12	0 0.16 0.64	0.16 0.32 0	0 0 0.8	0 2.0 1.5
月別圃場労働時間 w (時間/a)	5月 6月 7月	4.43 4.13 5.78	0.56 0.75 1.57	2.09 0.69 0.40	0.5 6.0 2.9	17.8 19.4 3.0

注) ヒアリング調査および神奈川県農業総合試験場(1997)をもとに設定.

むようなイモ類やタマネギは遠くの圃場に配置する傾向がある.また都市近郊では,盗難のリスクもあるため,単価の高い作目は目の届きやすい所に配置される.

露地野菜経営および施設野菜経営については,標準技術体系などのデータをもとに技術係数を設定することが可能である〔たとえば,神奈川県農業総合試験場(1995)〕.ここでは,対象地域の実態を踏まえ,露地野菜経営としてキャベツを中心とする経営,施設野菜経営としてトマト栽培経営を設定した.

以上から,各営農類型および土地利用類型の面積当り利益係数および農繁期(5~7月)の作業時間を表 2-4 のように設定した[注7].

3. 外部不経済および移動に関する係数設定

次いで,上述のヒアリング調査をもとに,外部不経済および移動効率に関

II. 分析方法

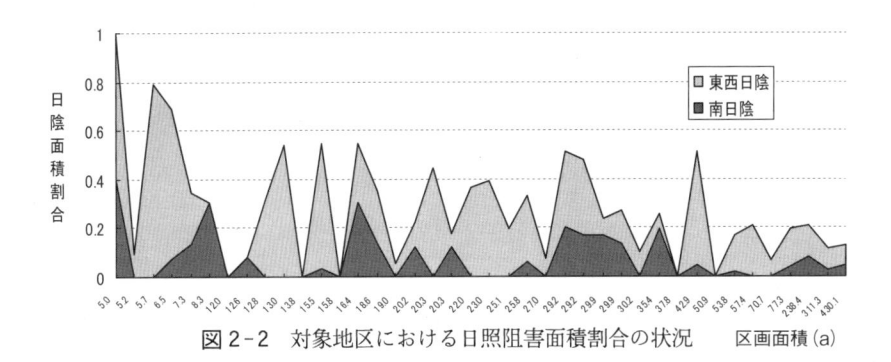

図 2-2 対象地区における日照阻害面積割合の状況　　区画面積(a)

する諸係数を設定する．第一に，宅地との隣接による日照の阻害が挙げられる．図 2-2 に対象地区 40 区画の面積順に，区画面積に占める日陰面積の割合を示した．区画面積 10 a 未満では日陰面積が 6 割を越えるような区画が存在するのに対し，50 a 以上では，2 割程度に留まっている．

直売経営では，日陰では単価の高い作目の作付を避けたり，生育が遅れた部分は，販売を遅らせるといった対応が可能であるが，それでも，ヒアリング調査の平均値では，東西側が日陰では 15％，南側では 60％の減収であった．ここから，直売土地利用類型の減収率 (0.15, 0.6) を東西側，南側の別に設定した．これに対し，露地野菜経営や施設野菜経営では東西側日陰で 30％（係数 0.3），南側では 80％（係数 0.8）の減収に達する．

以上から，区画ごとの日陰における平均減収率は次式となる．

$$\mathrm{cs}da_i/\mathrm{r}da_i = \mathrm{cs}db_i/\mathrm{r}db_i = \mathrm{cs}dc_i/\mathrm{r}dc_i$$
$$= (0.15 \cdot \mathrm{Ssth}_i/S_i + 0.6 \cdot \mathrm{Sew}_i/S_i) \cdots\cdots\cdots (1)$$
$$\mathrm{cs}v_i/\mathrm{rs}v_i = \mathrm{cs}g_i/\mathrm{rs}g_i = (0.3 \cdot \mathrm{Ssth}_i/S_i + 0.8 \cdot \mathrm{Sew}_i/S_i) \cdots (2)$$

但し，

　$\mathrm{cs}da_i, \mathrm{cs}db_i, \mathrm{cs}dc_i, \mathrm{cs}v_i, \mathrm{cs}g_i$：区画 i の日照阻害面積当り平均減収額（円/a），

　$\mathrm{r}da_i, \mathrm{r}db_i, \mathrm{r}dc_i, \mathrm{r}v_i, \mathrm{r}g_i$：土地利用類型別の利益係数（円/a），

$Ssth_i$, Sew_i, S_i：南側日照阻害面積 (a), 東西側日照阻害面積 (a), 合計日照阻害面積 (a).

第二に，農地の空間的な細分化に伴う，区画間の移動効率の問題がある．事例地域において，ある区画からすぐ隣の区画までの標準的な距離を以下のように近似して求めると，約150 m であった．ここで，Z：地区面積 (m^2)，Y：区画数，A_i：農地区画面積 (m^2) である．

$$D = \sqrt{(Z/Y)} - \sqrt{(\Sigma A_i / Y)} = 約 150 \text{ m} \cdots\cdots\cdots (3)$$

通行人への配慮や，渋滞の影響により，区画間の移動速度は，トラックによる通常の移動で30 km/時間，トラクターでは10 km/時間程度である．これに，乗降時間2分×4回 (0.13時間) および，トラクター使用後の道路清掃にかかる5分 (0.08時間) が加わる．よって，往復の移動時間 (時間/回) は通常移動時間，トラクター移動時間のそれぞれについて式 (4)，(5) のように設定できる．また，移動にかかる燃料費をいずれも6円/kmとすると，通常移動経費 ct_i，トラクター移動経費 cm_i (円/回) を設定できる．

$$wm_i = 0.15 \times 2/30 + 0.13 = 0.14 \cdots\cdots\cdots (4)$$
$$wt_i = 0.15 \times 2/10 + 0.13 + 0.08 = 0.24 \cdots\cdots\cdots (5)$$
$$ct_i = cm_i = 1.8 \cdots\cdots\cdots (6)$$

但し，wm_i, wt_i：通常移動時間，トラクター移動時間 (時間/回)，
　　　cm_i, ct_i：通常移動経費，トラクター移動経費 (円/回)．

第三に，区画自体の狭小性にともなう作業効率の低下問題がある．本論では，既往研究をもとに，区画面積 A_i が20 a 未満の区画 ($A_i < 20$) に対し，以下のような補正を施した[注8]．

$$tda_{i(A_i<20)m} / tda_{i(A_i \geq 20)m} = tdb_{i(A_i<20)m} / tdb_{i(A_i \geq 20)m}$$
$$= tdc_{i(A_i<20)m} / tdc_{i(A_i \geq 20)m}$$
$$= tv_{i(A_i<20)m} / tv_{i(A_i \geq 20)m} = tg_{i(A_i<20)m} / tg_{i(A_i \geq 20)m}$$
$$= -0.70 \cdot \log_{10} A_i + 1.88 \cdots\cdots\cdots (7)$$

但し,tda_{im}, tdb_{im}, tdc_{im}, tv_{im}, tg_{im}:月別区画別の面積当りトラクター作業時間(時間/a).$A_i \geq 20$は補正前面積当り作業時間を表す添え字.

第四に,道路との隣接に伴う外部不経済の発生が挙げられる.ゴミの投棄やいたずらを防ぎ,また,土砂の飛散を防止するためにも,道路沿いにはサツキツツジやサザンカなどの生け垣を設けたり,網や金属製フェンスで囲いを設ける農家が多い.ここでは,周辺への緑地的機能の提供も考慮し,生け垣を設けた場合の設置費用および管理労働を対象とする.年間の設置費用は,沿道1mにつき75円/mとした[注9].また,管理労働としては,ゴミ拾いを週1回1秒/m,垣根の刈込を年2回60秒/mとすれば,月当り14秒/m・月の労働投入である.以上から,区画iの沿道延長をL_i(m)とすると,面積換算した区画ごとの沿道対策費cf_i(円/a)および労働投入wf_i(時間/a)は次式で表せる.

$$cf_i = 75 \cdot L_i / A_i \cdots\cdots\cdots\cdots\cdots\cdots\cdots\cdots\cdots\cdots\cdots (8)$$

$$wf_i = 14 \cdot L_i / (3600 \cdot A_i) \cdots\cdots\cdots\cdots\cdots\cdots\cdots (9)$$

4. 線形計画法のフレームワーク

以上の係数設定をもとに,線形計画法(整変数を含む)のモデルを構築する.全体のフレームワークを表2-5に示した.

1) 目的関数

対象地区の農業所得を最大化する目的関数は,以下の式で表せる.ここで,dは直売野菜,a, b, cは直売野菜の各土地利用類型,vは露地野菜,gは施設野菜を表わす添え字である.なお,労働時間は,農繁期である5~7月の各月を対象としている($m = 5, 6, 7$).直売野菜の収穫に際しては,イモ類などを除き,収穫期間中は月間25回の収穫を行うものとした.移動回数はすべて整変数であることが望ましいが,計算上の実用性を考慮し[注10],現段階では直売野菜収穫のための移動回数Hd_{im}のみを整変数としている.なお,論旨の繁雑を避けるため,式の詳細を注に記載した[注11].

$$\max \pi = R - Ds - Ch - Cm - Ct - Cf \cdots\cdots\cdots\cdots (10)$$

但し,R:外部不経済・移動経費を控除する前の利益(円),

Cs：日照被害による減収分（円），
　　　Ch：直売野菜収穫の移動経費（円），
　　　Cm：通常作業の移動経費（円），
　　　Ct：トラクターによる移動経費（円），
　　　Cf：道路沿いの対策経費（円）．

2）区画面積制約

区画別の面積制約は，区画 i の面積を A_i (a) とすると次式となる．

$$Xda_i + Xdb_i + Xdc_i + Xv_i + Xg_i \leq A_i \cdots\cdots\cdots(11)$$

但し，変数 Xda_i，変数 Xdb_i，変数 Xdc_i，変数 Xv_i，変数 Xg_i：区画 i における各土地利用類型の作付面積 (a)．

3）日照阻害制約

日照阻害制約は，区画 i において，日陰とならない面積 $(A_i - S_i)$ を越える作付を行うと，日照阻害面積 S_i での作付を行う必要が生じることを示す式(12) を設定する．ただし，各土地利用類型別の日陰への作付けは，区画 i における各土地利用の作付面積を越えることはないため，式(13) を設ける必要がある．

$$Xda_i + Xdb_i + Xdc_i + Xv_i + Xg_i - (Sda_i + Sdb_i + Sdc_i + Sv_i + Sg_i)$$
$$\leq A_i - S_i \cdots\cdots\cdots\cdots\cdots\cdots\cdots\cdots\cdots\cdots\cdots\cdots\cdots(12)$$

$$Xda_i \geq Sda_i, \ Xdb_i \geq Sdb_i, \ Xdc_i \geq Sdc_i, \ Xv_i \geq Sv_i, \ Xg_i \geq Sg_i$$
$$\cdots\cdots\cdots\cdots\cdots\cdots\cdots\cdots\cdots\cdots\cdots\cdots\cdots\cdots\cdots(13)$$

但し，S_i：区画 i において日照が遮られる面積 (a)，

変数 Sda_i，変数 Sdb_i，変数 Sdc_i，変数 Sv_i，変数 Sg_i：各土地利用類型の日照阻害面積 (a)．

4）直売野菜収穫移動制約

直売経営では鮮度が要求されるため，イモ類などを除き，半日単位で収穫を行い，販売に供している例が多い．したがって，一日当りの直売野菜収穫作業時間が，半日（4時間）を上回るごとに，移動すべき人員が 1（人・回）増加するように制約式を構築する．

$$(hda_m \cdot Xda_i + hdb_m \cdot Xdb_i + hdc_m \cdot Xdc_i) - 4 \cdot Hd_{im} \leq 0 \cdots(14)$$

但し, hda_m, hdb_m, hdc_m：月別1日当り直売野菜収穫作業時間（時間/a）.

変数Hd_{im}：区画iへのm月の1日当り直売野菜収穫のための移動回数（回；整数）.

5) 通常移動制約およびトラクター移動制約

直売経営の収穫のための移動と全営農類型におけるトラクター移動を除く, 各営農類型の通常の移動については, 作業単位（8時間）当り, 1（人・回）の移動が生じるように制約式を設定する. また, トラクター移動についても通常移動制約と同様に設定する[注12].

6) 沿道対策制約

沿道対策制約は, 区画での作付けに伴い, 沿道での垣根設置経費および管理労働が必要となる面積Fを式（15）により示す. この時, 沿道対策は, その区画を利用する営農類型 d, g, v が効率的に分担するとすれば, 式（16）のような制約が必要となる.

$$Xda_i + Xdb_i + Xdc_i + Xv_i + Xg_i - (Fd_i + Fv_i + Fg_i) \leq 0 \cdots\cdots (15)$$

$$(Xda_i + Xdb_i + Xdc_i) \geq Fd_i,\ Xv_i \geq Fv_i,\ Xg_i \geq Fg_i \cdots\cdots\cdots (16)$$

但し, 変数Fd_i, 変数Fv_i, 変数Fg_i：道路沿いの対策費を負担する面積（a）.

7) 直売需要バランス制約

直売経営の土地利用類型については, 地域の需要に応じた生産が必要なため, 多様な農産物を少量ずつ生産し, 偏らないようにすることが肝要である. 厳密には, 庭先直売における需要量分析が必要であるが, ここではデータ上の制約から, 仮に, 各土地利用類型の面積が, 最も多い土地利用類型の7割を下回らないように直売需要バランス係数 β（$\beta = 0.7$）を設定した[注13].

8) 労働時間制約

最後に, 月別営農類型別の労働時間制約は, 圃場での労働時間, 移動時間, 沿道管理時間が各営農類型の労働投入水準を下回らないように設定する[注14].

46　第2章　都市農地の保全計画

表2-5　線形計画法の全体フレームワーク

III. 分　析

1. 最適化結果

前節の線形計画モデルをもとに，対象地区の40区画について目的関数の最大化を行った結果を表2-6に示した．なお，現状の労働力水準は，直売経営15人/月（3,000時間/月），露地野菜経営78人/月（15,600時間/月），施設野菜経営6人/月（1,200時間/月）と設定した．結果の提示において，各営農類型の労働時間は，農繁期3カ月の平均値を示したため，いずれの営農類型も上限値にはなっていないが，6月の施設野菜経営の労働時間および7月の直売経営の労働時間が残量無く使用され，制約となっていた．労働時間のシャドウ・プライスは，6月施設野菜経営が5.5千円/時間，7月直売経営では9.7千円/時間に相当していた．

表2-6　最適化結果[注1)]

営農類型・土地利用類型	直売 d			露地 v	施設 g
	a	b	c		
面積（ha）	4.0	2.8	4.0	8.0	0.6
日照阻害面積（ha）	0	2.4	1.4	0.2	0
労働時間（時間/月）[注2)]	2,708 (100%)			1,997 (100%)	829 (100%)
移動時間（時間/月）	89 (3%)			37 (2%)	15 (2%)
沿道対策時間（時間/月）	9 (0%)			12 (1%)	0.3 (0%)
外部不経済・移動経費控除前の農業所得（千円）	75,684 (100%)				
農業所得（千円）	71,835 (94.9%)				
日照被害（千円）	3,430 (4.5%)				
移動経費（千円）	9 (0.0%)				
沿道対策経費（千円）	410 (0.5%)				

注：1）$Wd = 3,000$，$Wv = 15,600$，$Wg = 1,200$のとき
　　2）労働時間は農繁期3カ月の平均値．

モデルから求められた対象地区の農業所得の最適値は面積当りに換算すると37千円/aであり，地区実績の約1.15倍である．したがって，最適値としては，ほぼ妥当な値であると考えられる．結果の詳細を見ると，土地利用では，日照阻害による減収額が大きい直売経営の土地利用類型 da および施設野菜を，優先的に日照の良い圃場へ配置することにより，農業所得への影響が最小限に抑えられている．労働時間については，直売経営の移動時間が多く，労働時間の3%を占めている．経費では，日照被害の影響が大きく，農業所得の4.5%減に相当している．また，沿道対策経費は，0.5%減に相当する．

図2-3に，日照阻害制約および沿道対策制約について，シャドウ・プライスを求め，区画面積1a当りに換算し，区画面積との関係を示した．すなわち，もし，上記の制約がなければ，それぞれの区画において，どのくらいの所得増分があるかを示したものである．これによると，本論で設定した水準程度の沿道対策では，ほとんど所得への影響は見られないが，日照阻害制約については，区画面積が小さい程，その影響が大きく現われていることがわかる．また，図示はしていないが，直売需要バランス制約についても，所得への影響があり，なかでも，中程度の集約性である，土地利用類型 db の作付

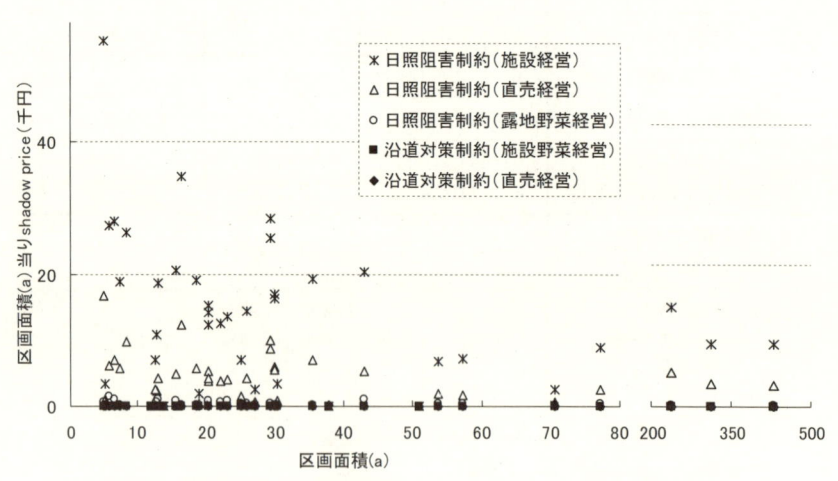

図2-3 制約条件の区画面積当り shadow price と区画面積の関係

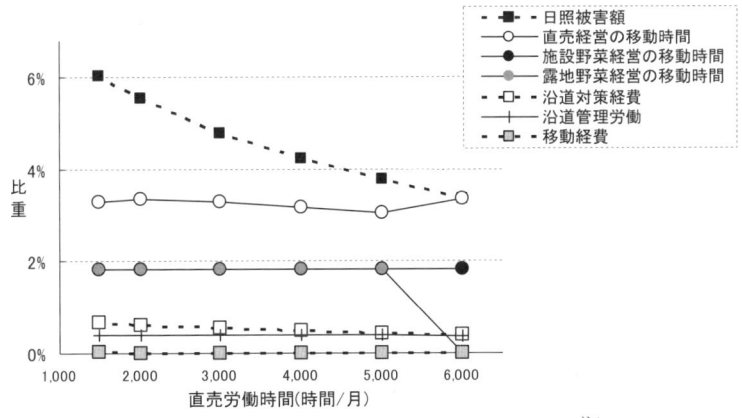

図 2-4　外部不経済および移動の占める比重[注]

注) 比重は，移動時間，沿道管理労働については労働時間に占める割合.
日照被害額，沿道対策経費，移動経費については外部不経済および移動経費控除前の農業所得に占める割合である.

必要性が，9.6千円/aの所得減につながっていた.

また，直売経営の労働力水準が変化した場合の，外部不経済および移動コストの比重を考察したものが図2-4である．移動時間などの各営農類型の労働時間については，投入労働時間に対する割合を示し，日照被害，沿道対策，移動経費などの実費として発生する経費については，外部不経済・移動の影響を控除する前の農業所得に対する割合を示した．このうちとくに比重が大きいのが，日照阻害による影響であり，直売経営の労働投入が1,500時間まで減少すると，6%の所得減に帰結する．これは，日照被害の影響を避けやすい直売作目の作付け割合が減少するためと考えられる．また，労働力水準の増加に応じて，沿道対策経費は漸減しているが，これは集約的な土地利用の増加に伴い，生産額に占める沿道対策経費のウェイトが減少するためと考えられる．

2. 農業生産からみた生産緑地区画別の保全基準

 以上のモデルを用いて，農業生産面から見た生産緑地の区画別の保全基準を提示するには，ある区画が転用された場合の地域全体の農業所得への影響を検討する方法が考えられる．たとえば，開発の候補地あるいは所有者リタイヤ後の継続的な農地保全の候補地として生産緑地の数区画が挙がった場合，限られた財源の中で，可能な限り地域の農業所得を高水準に維持できるように保全すべき生産緑地区画を選定することが望ましい．

 図2-5は，各区画について，該当する1区画だけ存在しない場合に，全ての区画が存在する場合と比べて，地域の農業所得がどれだけ減少するかをモデルを用いて導出し，面積当りに換算して示した土地分級結果である．ここでは，地域農業所得に与える影響が，面積当りで最大およそ1.5倍以上の開きがあることが示されている．

 また，図2-6は，直売経営の労働投入水準を変えて，同様の方法により土地分級を試みたものである．労働投入水準が増加すると，集約的な農業が可能となるため，相対的に狭小な区画を含め，全体として所得に与える影響が大きくなる．いずれの労働水準においても，1区画の壊廃を想定した場合の

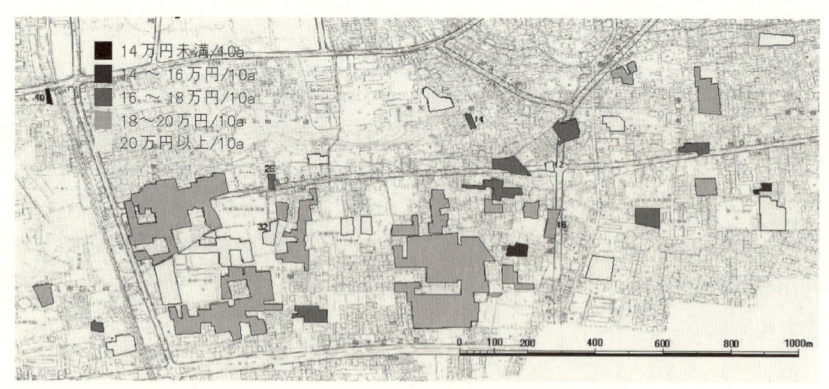

図2-5 区画別の農地壊廃に伴う10a当り地域農業所得の減少額の違いによる分級結果（労働力水準：$Wd = 3,000$時間/月）

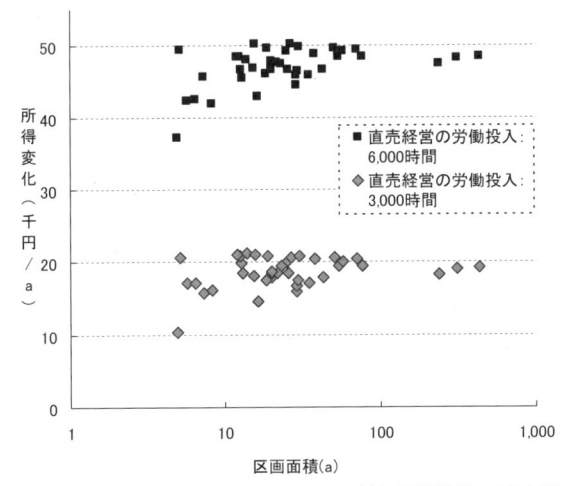

図2-6　区画別の農地壊廃に伴う10a当り地域農業所得の減少額の推計結果

区画間の農業生産上の価値格差は最大で年間約1万円／aと推計された．1haに換算すると年間約100万円の差となり，無視できない差となる．将来的に直売経営を育成し，地域住民との交流を深めつつ農業を継続していくためにも，計画的な生産緑地の保全が不可欠であると考えられる．

IV．結　語

生産緑地地区制度のようなゾーニング制度は，同一用途内の集積の利益を十分に発揮させ，異種用途間の外部不経済をできる限り抑制することを目的としている注15)．とりわけ，都市農業においては，移動効率の確保や外部不経済の抑制は重要な課題であるが，これまで，こうした要因は土地分級結果に十分に反映されてこなかった．また，都市住民に新鮮な農産物を提供し，交流を行いつつ生産性の高い農業を行う直売経営の分析も重要である．本章では，線形計画法を適用することにより，区画単位の農地保全が，地域の農業所得にいかに結びつくかを推計し，推計結果をもとに土地分級図を提示した．これにより，個別の生産緑地区画に関する保全の判断基準を貨幣タームで示し得たといえる．

とはいえ，営農類型の設定，外部不経済などの係数設定に関しては，複雑な実態を完全に捉えたものではない．より実態に即した分析を行うには，移動効率や外部不経済の実態について，モデルへの導入を視野に入れながら丹念に把握していく必要がある．同時に，政策的根拠としての信頼性をさらに高めるためには，規範モデルだけでなく，実証モデルを用いた分析との比較考察も必要であろう．また，農地保全への具体化を進めるためには，市および地区レベルの都市計画マスタープランとのすり合せや，地域レベルの産地形成，PR戦略などの農業振興施策との調整が必要である．以上を経た後，農地保全の具体化施策としては，冒頭の自治体の取組み例（表2-1）で示したような生産緑地の買取り，除外，追加指定申請基準への分級結果の反映などが考えられよう．

注1) 市街化区域内農地および生産緑地制度に関する問題点については，石田（1990）第2章，水口（1997）3-1，田代（1991）第1章を参照．

注2) 現行の資産課税制度の状況下においては，農家による賃貸住宅経営の不採算性〔石田（1990）〕や，相続発生による農地の切売りの実態〔發地（1991）〕を考慮すると，粗放的に農地を保全管理する所有者が，世代を越えて恒久的に農地を維持できる保証は無い．相続発生による都市農地の減少状況を示したものとして後藤（2003）第3章がある．

注3) 以下の土地分級論に関する手順の整理ならびに適用上の問題点整理に関して和田（1973b）を参考にした．

注4) 多品目野菜の直売経営は，都市化に伴う移動などコストの大きさが指摘されているものの，環境保全型農業への適用可能性が高い，新鮮野菜を供給できる，周辺への土埃飛散が少ない，施設野菜よりも緑地としての機能を発揮しやすいなどのメリットがある〔藤島（1995），神戸（1971）〕．

注5) 調査はK市内の直売経営5経営に対し2001年10月に実施し，作目配置，外部不経済の実態についてヒアリングを行った．また比較のため東京近県の露地野菜作経営（主にネギ，キャベツ，レタス作など）に対しヒアリング調査を実施した．千葉県I市，市街化区域内4経営（2001年10月），茨城県Y市，市街

IV. 結　語   53

地近郊農家4経営（2002年12月）．

注6） ここでは，経営を単位とした類型を「営農類型」とし，特に直売経営において
は，経営内において a, b, c の3種の「土地利用類型」を設定している．したが
って，経営に着目すると，d, v, g の3種の営農類型となり，土地利用に着目す
ると da, db, dc, v, g の5種の土地利用類型となる．

注7） 利益係数 r は，厳密には土壌条件などの圃場特性に左右されるが，簡単化のた
め土地利用類型別に一律とした．ただし，モデルの構築においては，今後の拡
張可能性を考慮し，区画を示す添え字 i を付している．

注8） 平泉（1989）ではロータリーによる耕耘作業において，圃場面積と圃場作業量
（時間/ha）との関係を求めている．本論では，これをもとに式を構築した．

注9） 枝張40 cm のサツキツツジを2本/m 植えた場合．1本750円（『建設物価』
2001年5月）．耐用年数は，緑化施設の法定耐用年数の20年とした．

注10） 整変数の増加に伴い，計算時間は指数関数的に増大する．そのため本論では，
本来整変数とすべき移動回数（Hd_{im}, Md_{im}, Mv_{im}, Mg_{im}, Td_{im}, Tv_{im},
Tg_{im}）のうち，労働時間に占めるウエイトの大きい，直売野菜収穫移動回数
Hd_{im} のみを整変数として扱った．この場合，モデル内の整変数は120変数で
あり，Lindo 社開発のLPソルバーにより最適解を求めたところ，50 Mbit の
Memory Allocation で約1分40秒を要した．

注11） $R = \sum_i rda_i \cdot Xda_i + \sum_i rdb_i \cdot Xdb_i + \sum_i rdc_i \cdot Xdc_i + \sum_i rv_i \cdot Xv_i + \sum_i rg_i \cdot Xg_i$
但し，rda_i, rdb_i, rdc_i, rv_i, rg_i：土地利用類型別の利益係数（円/a），
　　　変数 Xda_i, 変数 Xdb_i, 変数 Xdc_i, 変数 Xv_i, 変数 Xg_i：区画 i に
　　　おける各土地利用類型の作付面積（a）．
$Cs = \sum_i csda_i \cdot Sda_i + \sum_i csdb_i \cdot Sdb_i + \sum_i csdc_i \cdot Sdc_i + \sum_i csv_i \cdot Sv_i$
　　 $+ \sum_i csg_i \cdot Sg_i$
但し，$csda_i$, $csdb_i$, $csdc_i$, csv_i, csg_i：日照の阻害による面積当り減収
　　　額（円/a），
　　　変数 Sda_i, 変数 Sdb_i, 変数 Sdc_i, 変数 Sv_i, 変数 Sg_i：日照阻害
　　　面積（a）．
$Ch = \sum_i (ch_i \cdot \sum_m Hd_{im})$, $ch_i = cm_i \times 25$

但し，ch_i：区画 i への直売野菜収穫移動 1 月当り経費（円/月），

変数 Hd_{im}：区画 i への m 月の 1 日当り直売野菜収穫のための移動回数（回；整数）

$$Cm = \sum_i \{cm_i \cdot \sum_m (Md_{im} + Mv_{im} + Mg_{im})\}$$

但し，cm_i：区画 i への通常移動 1 回当り費用（円/回），

変数 Md_{im}，変数 Mv_{im}，変数 Mg_{im}：区画 i への m 月の通常移動回数（回）．

$$Ct = \sum_i \{ct_i \cdot \sum_m (Td_{im} + Tv_{im} + Tg_{im})\}$$

但し，ct_i：区画 i へのトラクター移動 1 回当り費用（円/回），

変数 Td_{im}，変数 Tv_{im}，変数 Tg_{im}：区画 i への m 月のトラクター移動回数（回）

$$Cf = \sum_i cf_i \cdot Fd_i + \sum_i cf_i \cdot Fv_i + \sum_i cf_i \cdot Fg_i$$

但し，cf_i：面積当り道路沿いの対策費（円/a），

変数 Fd_i，変数 Fv_i，変数 Fg_i：道路沿いの対策費を負担する面積（a）．

注12) ① 通常移動制約：

$$mda_m \cdot Xda_i + mdb_m \cdot Xdb_i + mdc_m \cdot Xdc_i - 8 \cdot Md_{im} \leq 0$$

$$mv_m \cdot Xv_i - 8 \cdot Mv_{im} \leq 0, \quad mg_m \cdot Xg_i - 8 \cdot Mg_{im} \leq 0$$

但し，mda_m，mdb_m，mdc_m，mv_m，mg_m：月別面積当り通常（直売経営の収穫作業，および全類型のトラクター作業を除く）作業時間（時間/a）．

② トラクター移動制約：

$$tda_{im} \cdot Xda_i + tdb_{im} \cdot Xdb_i + tdc_{im} \cdot Xdc_i - 8 \cdot Td_{im} \leq 0,$$

$$tv_{im} \cdot Xv_i - 8 \cdot Tv_{im} \leq 0, \quad tg_{im} \cdot Xg_i - 8 \cdot Tg_{im} \leq 0$$

但し，tda_{im}，tdb_{im}，tdc_{im}，tv_{im}，tg_{im}：月別区画別の面積当りトラクター作業時間（時間/a）．

注13) 直売需要バランス制約：

$\beta \cdot Xda_i \geq Xdb_i, \quad \beta \cdot Xdb_i \geq Xda_i,$

$\beta \cdot Xdb_i \geq Xdc_i, \quad \beta \cdot Xdc_i \geq Xdb_i,$

$\beta \cdot Xda_i \geq Xdc_i, \quad \beta \cdot Xdc_i \geq Xda_i$

IV. 結 語　55

注14) 労働時間制約：

$$\sum_i \mathrm{w}da_{im} \cdot \mathrm{X}da_i + \sum_i \mathrm{w}db_{im} \cdot \mathrm{X}db_i + \sum_i \mathrm{w}dc_{im} \cdot \mathrm{X}dc_i$$
$$+ \sum_i \mathrm{w}\,\mathrm{h}_i \cdot \mathrm{H}d_{im} + \sum_i \mathrm{w}\,\mathrm{m}_i \cdot \mathrm{M}d_{im} + \sum_i \mathrm{w}\,\mathrm{t}_i \cdot \mathrm{T}d_{im} + \sum_i \mathrm{w}\,\mathrm{f}_i \cdot \mathrm{F}d_i \leqq Wd_m,$$
$$\sum_i \mathrm{w}v_{im} \cdot \mathrm{X}v_i + \sum_i \mathrm{w}\,\mathrm{m}_i \cdot \mathrm{M}v_{im} + \sum_i \mathrm{w}\,\mathrm{t}_i \cdot \mathrm{T}v_{im} + \sum_i \mathrm{w}\,\mathrm{f}_i \cdot \mathrm{F}v_i \leqq Wv_m,$$
$$\sum_i \mathrm{w}g_{im} \cdot \mathrm{X}g_i + \sum_i \mathrm{w}\,\mathrm{m}_i \cdot \mathrm{M}g_{im} + \sum_i \mathrm{w}\,\mathrm{t}_i \cdot \mathrm{T}g_{im} + \sum_i \mathrm{w}\,\mathrm{f}_i \cdot \mathrm{F}g_i \leqq Wg_m$$

直売野菜収穫移動回数 Hd_{im} において，1日当り1(人・回)の増加に伴って，1カ月分 (25日) の移動が発生することを示す式：

$\mathrm{w}\,\mathrm{h}_i = \mathrm{w}\,\mathrm{m}_i \times 25$

但し，Wd_m, Wv_m, Wg_m ：月別，営農類型別労働力水準 (時間)，

$\mathrm{w}da_{im}$, $\mathrm{w}db_{im}$, $\mathrm{w}dc_{im}$, $\mathrm{w}v_{im}$, $\mathrm{w}g_{im}$ ：月別面積当り圃場労働時間 (時間/a)，

$\mathrm{w}\,\mathrm{h}_i$ ：区画 i への月間直売野菜収穫移動時間 (時間/回)，

$\mathrm{w}\,\mathrm{m}_i$ ：区画 i への1回当り通常移動時間 (時間/回)，

$\mathrm{w}\,\mathrm{t}_i$ ：区画 i への1回当りトラクター移動時間 (時間/回)，

$\mathrm{w}\,\mathrm{f}_i$ ：区画 i での面積当り月間沿道管理時間 (時間/a).

注15) たとえば，山田 (1981) 第2章.

第3章 都市近郊における宅地化・耕作放棄発生の影響の予測

写真：都市近郊の圃場．ゴミの投げ捨ては農家にとって悩みの種．

1. 背景と課題

　土地利用計画の中心となるゾーニングの実施は，主として二つの目的からなされる．一つは，同種用途内における集積の利益の発揮であり．もう一つは，異種用途間に生じる外部不経済の低減である[注1]．これを，農地の計画にあてはめれば，優良農地をゾーニングによって面的に確保することにより，農業内部の生産性が高まり，農業的土地利用と非農業的土地利用との間の外部不経済が極力抑えられるということになる．

　これまで，農地の集積による生産性の向上に関しては，農地の一定の団地的確保が移動効率や機械作業効率の上昇につながり，農業生産性の向上に結びつくことが明らかにされている〔高橋 (1963)，鶴岡 (2001)〕．一方，農業が他の土地利用用途から被る外部不経済や，逆に，周辺住民が不満として感じている事柄に関しては，スプロール状の宅地化に伴う問題発生の把握〔神戸 (1971)，武部 (1990)，加藤 (2000)〕や，1995年農業センサス農村地域環境総合調査における，耕作放棄地発生に伴う近隣農地への影響の把握など，様々な地域で，アンケート調査などが実施され，外部不経済の項目別に「問題と感じる」割合が示されている．しかし，早期の研究はもちろんのこと，これらの研究では，既存の異なる地域でのアンケート調査結果との比較や地域条件に応じた問題発生差に関する言及が十分に行われていない．また，CVMなどの表明選好法により外部経済効果を定量評価した研究〔寺脇 (1997)〕もあるが，実際の土地利用計画に反映する際に，どの程度の土地利用の混在が問題となるかを具体的に示した研究が不足している．

　そこで，本章では都市近郊地域において農業生産との関係上とくに問題となる非農業土地利用として，宅地と耕作放棄地とを取り上げ，現状において，どういった問題が発生しているかを把握した後，どの程度の宅地化および耕作放棄地発生よってその影響が顕著に現れるかを定量的に示すことを試みる．なお，本章の分析は，2章および4～6章とは視点が異なり，規範モデルを用いて，農地利用計画を導出しようとしたものではないが，外部不経済への対応は，本書を通じた大きなテーマであるため，章を充てるものとし

た．

II．分析方法

1．分析事例

本章では，茨城県Y市を事例として取り上げる．同市は，東京通勤圏の外縁に位置し，とくに北部では交通量の多い国道4号バイパス，50号バイパスが通過するなど，都市化が進行している．東端を鬼怒川が流れ，土地は平坦である．同市においてはかつて養蚕が盛んであったが，現在では経営耕地面積は田と畑がおよそ半々であり，畑ではハクサイおよびレタスの作付が中心となっている．

2．非農業土地利用の把握方法

土地利用を把握するためには，一定の土地のまとまりを単位として扱う必要がある．これには，メッシュ単位を用いる方法と行政区画などの単位を用いる方法とがあるが，本論では，後述する土地利用混在指標の計測手法への利用やデータの汎用性を考慮し，国土数値情報の3次メッシュ区画（約1km^2）を用いる．なお，1メッシュ区画は経度45"，緯度30"である．

メッシュ内の耕作放棄地の発生程度については，農家アンケートにより耕作放棄地面積および経営耕地面積を把握したものを，農業集落単位に3次メッシュ区画に同定し，各メッシュの耕作放棄地率とする[注2]．農家アンケートは，Y市の協力をえて，2001年12月に本論の研究内容を含むものとして実施され，配布は農事実行組合を通じて行い，2,925部配布，有効回答数2,063（70.5％）であった．

また，宅地との混在の程度については，国土数値情報（土地利用1997年）100mのメッシュデータを用いて，メッシュ内異種目セルの接触数JOIN値を算出する[注3]．100mメッシュデータは，3次メッシュ区画を縦横に10等分ずつして計測したものであるから，図3-1に模式図を示したように，約1km四方である3次メッシュ区画内には約100m×100mのセルが，100個含

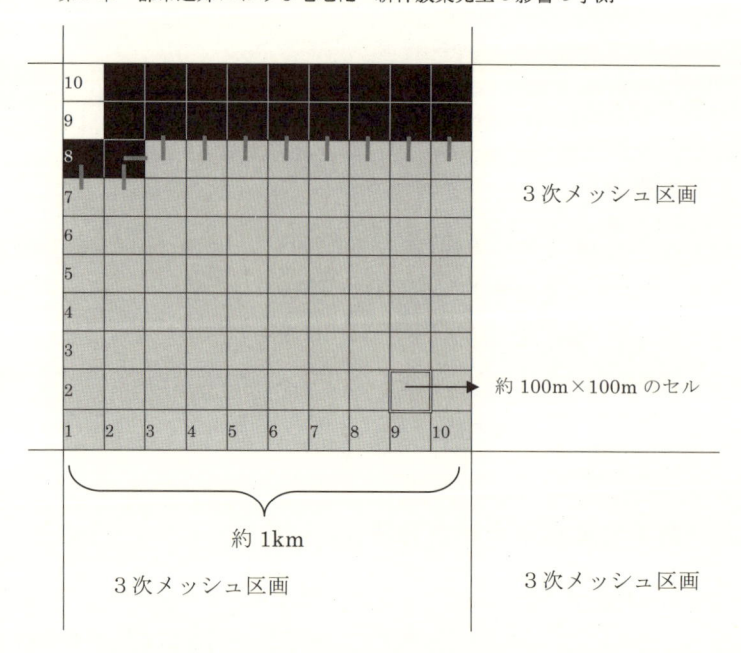

宅地■と農地■の JOIN 値（隣接するセルの数）＝ 11
凡例：■宅地　■農地　□その他　｜セルの隣接部分

図3-1　JOIN値の模式図

まれている．ここで例示した3次メッシュ区画には，宅地のセルが20，農地のセルが78存在しているが，その隣接箇所数は，11であることが分かる．この値（11）が，この3次メッシュ区画の「宅地-農地JOIN値」である．このように，100個のセルが存在する場合，2種類の土地利用間の理論上のJOIN値の最大値は180（格子縞に混在），最小値は0（全く隣接しない）となる．

3. 現状における問題発生状況の把握（農家側が受ける外部不経済）

非農業土地利用による農業生産への外部不経済の発生状況については，既往文献および事前のヒアリング調査をもとに，8項目をリストアップし，上述の農家アンケート調査から，農家の各項目への問題指摘状況を把握する．問題発生状況は，水田・畑の各土地利用の差によって異なると考えられるし，回答者の水田・畑経営耕地面積が大きければ，問題と感じる割合も多いことが予想される．

また，アンケート調査では，農家レベルにおいて，どの程度の経営上の負担が生じているかを把握できないため，地域内の担い手経営へのヒアリング調査により，これを明らかにする．

4. 現状における問題発生状況の把握（住民側が受ける外部不経済）

同様に，地域住民が農業生産から受ける外部不経済について，既往文献および，事前のヒアリング調査から，表3-1のように住民が被る外部不経済を5項目リストアップした．住民台帳から市内在住20歳以上住民をサンプリングし，2001年12月に本研究の内容を含む地域住民アンケート調査を実施したところ，配布数500のうち，有効回答数179（35.8％）であった．これらの

表3-1 地域住民が受ける外部不経済に関する設問の一覧

質問：「ご自宅近くの農地に関して気になる点はありますか． 以下のことで当てはまるもの全てに○印を付けて下さい」
1. 近くの田畑から飛んでくる農薬が迷惑．
2. 近くの田畑の肥料の臭いが迷惑．
3. 近くの田畑での農作業の機械の音が迷惑．
4. 近くの荒れた農地で不法投棄が行われているのが気になる．
5. 近くの荒れた農地の存在により，治安への不安を感じる．
6. 特に気になる点はない．

各項目に対して問題と感じているかどうかの,問題指摘の割合について年齢・性別といった住民属性別に考察する.回答者が居住するメッシュは,回答された居住地をもとに同定した.

5. 農外土地利用と農地の接触の増加に伴う問題発生の予測

次いで,農地周囲の耕作放棄地および宅地の増加に伴う問題発生の予測を行う.いま,問題iに対する農家または住民の問題指摘について,「問題と感じる」($y=1$),「問題と感じない」($y=0$)の2値の選択と捉えた時,ここからメッシュごとの問題指摘割合と土地利用指標との相関関係を分析するとすれば,膨大なサンプルが必要となり,実質上困難である.そこで本論では,問題iに対する回答者の問題指摘を確率として捉え,以下のようなロジスティック回帰式を構築する[注4].

ただし,$P_i(y=1)$は問題iの指摘確率,X_{ij}は問題iの推計式において,周辺の土地利用や回答者属性を表すj番目の変数,α_i,β_{ij}は推計すべきパラメータである.土地利用を表わす変数としては,農地と宅地との混在を示す指標,最も近い農地までの距離,水田と畑との比率,地区の耕作放棄地率といった指標が考えられる.

$$P_i(y=1) = \frac{1}{1+e^{-z}}, \quad z = \alpha_i + \sum_j \beta_{ij} X_{ij} \cdots\cdots\cdots (1)$$

このとき,問題i(たとえば病虫害発生)の指摘確率がP_i^*となる土地利用の程度(たとえば「耕作放棄地率」)X_{ij}^*は,以下の式で表せるため,任意の地域条件・回答者属性$X_{ij(j \neq J)}^*$における問題指摘確率がP_i^*となる土地利用の程度$Ed(P_i^*) = X_{iJ}^*$を予測することができる.

$$Ed(P_i^*) = X_{iJ}^* = \frac{\log_e P_i^*/(1-P_i^*) - \alpha_i - \sum_j \beta_{ij} X_{ij}^*}{\beta_{iJ}}, \quad j \neq J \cdots\cdots (2)$$

III. 分 析

1. 非農業土地利用の把握

　分析地域は，3次メッシュ区画上の64メッシュが該当するが，このうち市街地の4メッシュを除いた59メッシュを分析対象とした（次図以降の空白メッシュが分析から除外したもの）．

　農家アンケート結果をもとに，耕作放棄地率を算出したところ，水田，畑とも0～10％のメッシュが最も多かった（図3-2，図3-3）．市街地辺縁部では畑の放棄地率が20％を越えるメッシュが目立っている．

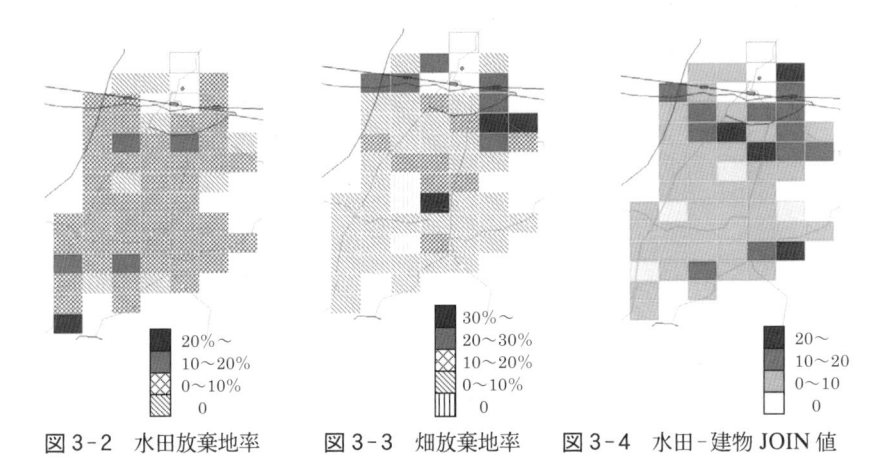

　次いで，3次メッシュ区画内の，水田-建物JOIN値，畑-建物のJOIN値をそれぞれ計測した結果（土地利用データは1997年）を図3-4および図3-5に示した．「水田-建物」ではJOIN値が0～10のメッシュが広く分布し，混在はあまり進んでいない．一方，「畑-建物」についてはJOIN値が0に近いメッシュがあるのとともに，市街地がある同市北部にはJOIN値が50を越えるメッシュまで見られ，地区ごとの違いが大きく表れている．なお，図3-5では，参考として一部のメッシュにおける土地利用状況（地形図）を示した．

図3-2　水田放棄地率　　図3-3　畑放棄地率　　図3-4　水田-建物JOIN値

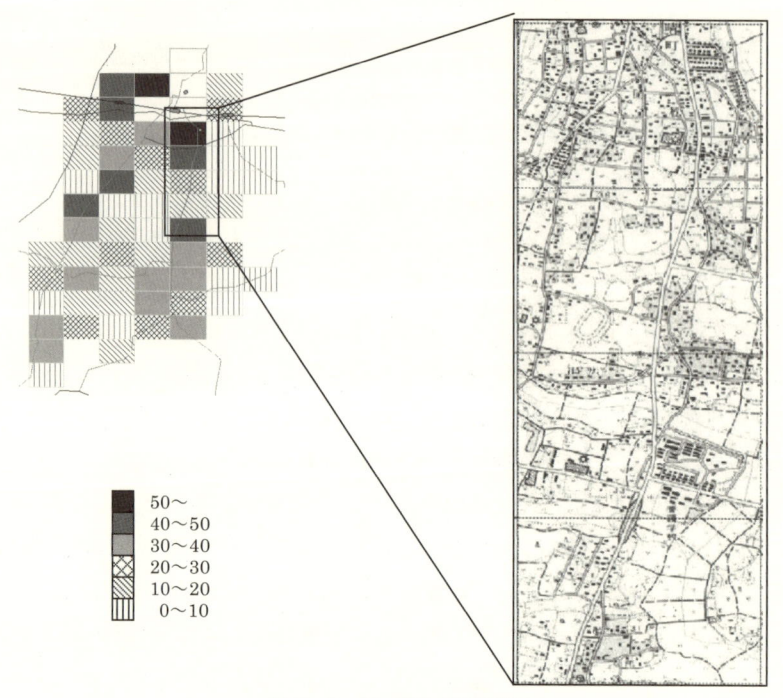

図3-5 畑-建物 JOIN 値

2. 現状における問題発生状況の把握（農家側）

　農家アンケートの結果から，水田・畑の各経営耕地面積別（水田は転作を除く）の問題指摘状況を見たものが表3-2および表3-3である．とくに畑においては，単位当りの土地生産性が水田よりも高いこともあり，耕作放棄地近傍の病虫害発生，日照阻害，鳥獣害の被害などの指摘が多くなっている．水田において，踏荒し・盗難被害の指摘が少ないのは，水田での湛水とも関連しよう．農薬・肥料散布の不便は水田の方が指摘が多いが，これは水田における粉剤散布のためと思われる．

　次いで，専業的経営へのヒアリング調査から，隣地での耕作放棄の発生や宅地化がどの程度の経営上の負担となっているかを整理したものが表3-4（p.67）である．ここでは畑における問題指摘の大きさを勘案し，同市で典

表3-2 水田における問題発生の状況

経営耕地面積（水田）	10 a～50 a	50 a～1 ha	1 ha～3 ha	3 ha以上
回答総数（100％）	627	466	275	19
近くに耕作放棄地があり病虫害の発生源になっている	10％	12％	19％	21％
隣の農地の不法投棄が気になる	4％	3％	4％	16％
近くに住宅地があり農薬・肥料が散布しにくい	1％	3％	4％	37％
近くに住宅地があり機械作業がしづらい	1％	1％	3％	37％
建物に隣接し日照や通風が阻害される	2％	3％	4％	26％
ゴミの投捨てが多い	8％	7％	14％	42％
カラス，野犬による被害が多い	2％	4％	6％	11％
踏荒らし，盗難による被害がある	0％	0％	1％	5％

注）設問は「耕作している農地（水田）で以下のような問題のある農地はありますか？」とした．

型的に見られる大規模野菜作経営を選定した．

　調査結果によると，なかでも日照被害による影響がとくに大きく，宅地の南側で日陰になるような農地では，収益がほとんど期待できないことがわかった．また，東西側が遮られる農地においても，相当の収量低下が起こっている．

　隣接の農地が耕作放棄されると，病虫害発生の原因となるため，隣地の除草や防除を行っている例が見られる．このうち経営Bでは，「隣地が放棄されるのであれば，借りてしまって，管理した方がよい」という指摘をしている．

　また，近隣住民への配慮に伴う農薬・肥料散布の不便は，単に心理的な影響として存在するだけではなく，配慮に伴って作業の繰越しがしばしば行われていることが明らかになった．

表3-3 畑における問題発生の状況

経営耕地面積(畑)	10 a〜50 a	50 a〜1 ha	1 ha〜3 ha	3 ha以上
回答総数(100%)	438	288	354	83
近くに耕作放棄地があり病虫害の発生源になっている	7%	10%	23%	34%
隣の農地の不法投棄が気になる	3%	3%	7%	16%
近くに住宅地があり農薬・肥料が散布しにくい	7%	12%	17%	30%
近くに住宅地があり機械作業がしづらい	5%	9%	14%	17%
建物に隣接し日照や通風が阻害される	6%	13%	24%	34%
ゴミの投捨てが多い	6%	10%	22%	33%
カラス,野犬による被害が多い	5%	15%	36%	53%
踏荒らし,盗難による被害がある	1%	7%	11%	22%

注)設問は「耕作している農地(畑)で以下のような問題のある農地はありますか?」とした.

3. 現状における問題発生状況の把握(地域住民側)

次に,地域住民アンケートの結果をもとに,表3-5(p.68)に住民属性別の問題指摘の割合を示した.全体では,肥料の臭い,耕作放棄地への不法投棄,農作業騒音の順に問題指摘の割合が高い.20・30代層は不法投棄や農作業騒音への指摘が相対的に多く,60代以上層では肥料悪臭,農作業騒音への指摘が多い.女性は,農作業騒音を問題と感じるのに対し,男性では肥料悪臭を指摘する割合が高い.また,居住年数が短い層は概して指摘割合が高くなっている.

表3-4 大規模野菜作経営における問題発生

		経営A	経営B	経営C
作付面積		ネギ 70 a ダイコン 60 a キャベツ 30 a ハクサイ 30 a	ハクサイ 320 a ブロッコリー 120 a スイートコーン 80 a レタス 40 a	ハクサイ 200 a レタス 300 a
日照被害	南側	夏：収量50％減 冬：収量90％減	収量90％減	収量90％減
	東側	収量15％減	収量50％減	収量25％減
	西側	収量10％減	収量50％減	収量20％減
ゴミ拾い		問題ない 年間0.5 hour/圃場	問題有り 年間1.5～4.0 hour/圃場	問題ない 年間0.2 hour/圃場
隣接耕作放棄地の除草・防除		（周囲に耕作放棄地なし）	草刈り1回， 除草剤3回 計4カ所	除草剤5回， 農薬2回 計2カ所
農薬・肥料散布の時間的制約および労働延長		風の強い日，通学時間，土日の朝を避ける．翌日への繰越しが年2～3回．	洗濯の時間帯を避け，居住者への訪問による通知を行う．翌日への繰越しが年15回．	土日の朝を避け，往来が多い時間帯は避ける．翌日への繰越しが年2～3回．
機械作業効率の低下		問題ない． 道路際で旋回が不便．	問題有り． 宅地付近での旋回において30秒/回程度の効率低下．	問題ない． 昔からやっているので慣れた．

注) いずれの経営もY市北部の比較的混在の進展した地域に農地を持つ．調査は2002年12月実施．

4．耕作放棄地の増加に伴う農業側の問題発生の予測

以下では，アンケート・データとメッシュ・データを用いたロジスティック回帰モデルにより，非農業土地利用の増大に伴う問題発生の増加について予測を行う．

まず，耕作放棄の発生に伴う，農業側の問題指摘について推計を行った．

表3-5 地域住民が「問題と感じる」割合(%)

属性	n	農薬飛散	肥料悪臭	農作業騒音	不法投棄	治安
20・30代	32	9.4	28.1	25.0	28.1	9.4
40・50代	53	15.1	22.6	11.3	20.8	3.8
60代以上	29	10.3	37.9	20.7	10.3	6.9
女性	63	12.7	23.8	23.8	19.0	6.3
男性	51	11.8	33.3	9.8	21.6	5.9
居住10年未満	16	18.8	50.0	25.0	31.3	12.5
全体	114	12.3	28.1	17.5	20.2	6.1

式 (1),(2) において, y:アンケートに対する各農家の問題指摘 ($y=1$:問題と感じる, $y=0$:問題とは感じない), X_{i1}:メッシュ耕作放棄地率, X_{i2}:回答農家の経営耕地面積 (ha) とし, 強制投入法により推計した結果を表3-6に示した. ただし, 説明変数 X_{i1} の耕作放棄地率については水田と畑それぞれの放棄地率を投入したモデル (推計式 I) と, 水田と畑を合わせた耕作放棄地率 (以下「総合放棄地率」) を投入したモデル (推計式 II) により推計を行った. なお, 農業後継者の有無や回答者年齢についても投入を試みたがいずれも有意でなかったため除外した.

ここでは, X_{i1} が十分に有意な変数とならない推計式は記載しなかった. なお, 適合度が十分でない推計式について, サンプルのモデルへの影響度合いを示す Cook 統計量を算出したところ, 経営耕地面積が 6.0 ha を越える大規模農家の回答が, 適合度を下げる方向に働いていた. したがって, 経営耕地面積として, こうした大きな値を代入する場合には当モデルは不向きといえる.

Ed 30 とは指摘確率が 30% となる耕作放棄地率であり, Ed 50 は指摘確率が 50% となる耕作放棄地率である. 経営耕地面積については担い手層 (3.0 ha) と, 地域の大多数の農家 (0.5 ha) の2つの経営規模階層について推計した. その結果, 水田において, 3.0 ha を越える層では, たとえば水田耕作放棄地率が 0.14 に達したときに病害虫発生の指摘が3割に達することをはじめ

表3-6 耕作放棄地の増加に伴う農業側の問題発生の予測[注1]

	水田における問題発生					畑における問題発生		
	推計式 I				推計式 II	推計式 I		推計式 II
	病虫害の発生	鳥獣害の発生	不法投棄	ゴミの投捨て	ゴミの投捨て	病虫害の発生	不法投棄	病虫害の発生
定数	-2.253**	-3.808**	-3.636**	-2.638**	-2.647**	-2.455**	-3.335**	-2.661**
耕作放棄地率(割合)	4.274**	7.594**	7.622**	4.826**	4.423*	2.839**	2.256+	8.224**
経営耕地面積(ha)	0.274**	0.287*	0.663	0.377**	0.369**	0.423**	0.341**	0.434**
Ed 30% 3.0 ha	0.14	0.28	0.10	0.14	0.18	0.12	0.65	0.06
0.5 ha	0.30	0.37	0.32	0.33	0.37	0.49	1.00〜	0.19
Ed 50% 3.0 ha	0.33	0.39	0.22	0.31	0.38	0.42	1.00〜	0.17
0.5 ha	0.49	0.48	0.43	0.51	0.56	0.79	1.00〜	0.30
χ^2 [注2]	4.43	2.54*	5.89	8.86	9.15	15.50	6.19	14.01

注:1) **1%水準, *5%, +10%.
耕作放棄地率が有意なものについてのみ記載. 推計式Iの説明変数は水田, 畑の各耕作放棄地率を採用. 推計式IIは田と畑を合わせた耕作放棄地率「総合放棄地率」を採用. 経営耕地面積は, 水田, 畑の各面積を採用した.
2) モデルの適合度検定として, 10分割してχ^2検定を行った (Hosmer-Lemeshow検定). 次表も同様.

として, 地区においておよそ20%の水田の耕作放棄が発生すると3割以上が種々の問題を感じるのに対し, 大多数の農家 (0.5 ha層) は, 放棄地率30〜37%に達すれば3割程度が種々の問題を感じるに至ると予想される. また, 畑については, 表3-4で, 大規模層における隣接耕作放棄地の病虫害対策の実態を明らかにしたが, 地域の放棄地率との関係が顕著であり, とくに総合放棄地率が30%に達すると, 経営耕地面積が0.5 ha程度の小規模層でも半数の経営が問題と感じるようになることが予想される.

5. 農-住混在の増大に伴う農業側の問題発生の予測

次いで, 宅地と農地との混在から生じる農業側の問題発生について推計を行った. すなわち, 前節と同様に, 式(1), (2)において, X_{i1}:メッシュ水田-建物JOIN値, 畑-建物JOIN値, X_{i2}:回答農家の経営耕地面積(ha)とし, 結果を表3-7に示した. これによると, 有意となった推計式は, 宅地近辺での農薬・肥料散布の不便と機械作業効率の低下に対する問題指摘に関す

表3-7 宅地との混在の増大に伴う農業側の問題発生の予測

	水田における問題発生		畑における問題発生	
	農薬・肥料散布がしづらい	機械作業がしづらい	農薬・肥料散布がしづらい	農業作業がしづらい
定数	− 4.767**	− 4.91**	− 3.139**	− 3.201**
水田-建物 JOIN 値	0.065**	0.050**	−	−
畑-建物 JOIN 値	−	−	0.030**	0.023**
経営耕地面積 (ha)	0.542**	0.570**	0.280**	0.218**
ED 30% 3.0 ha	35.29	46.81	48.39	73.90
0.5 ha	56.13	75.51	71.72	97.60
ED 50% 3.0 ha	48.32	63.76	76.63	110.74
0.5 ha	69.17	92.46	99.97	134.43
χ^2	8.87	4.57	10.63	2.61*

注) ** 1%水準, * 5%.

るものである.畑地では JOIN 値が50を越えるメッシュもあることから,こうしたメッシュにおいて,大規模層では,問題発生が顕著になることが予想される.

しかしながら,ヒアリング調査において,コストとして大きいことが指摘されていた日照阻害については,有意な推計式が導出されなかった.これは,地域的な混在を示す JOIN 値よりも,宅地があるのが南側であるか北側であるか,あるいは,建物の高さや畑との間隔はどの程度かといった,より局地的な影響の方が大きいためといった理由が考えられる.

6. 地域住民側の問題指摘確率の予測

地域住民側の問題指摘についても,式(1)のロジスティック回帰式に変数を順次投入し,全ての係数の有意確率が20%未満となった推計式を表3-8に示した.耕作放棄の増大にともなう,治安への不安に関する推計式は有意なものが得られなかった.土地利用に関する変数は,回答者の自宅から農地・耕作放棄地までの各距離,1 km^2 メッシュ内の混在状況を示す JOIN 値,1 km^2 メッシュ内の農地内水田率,同耕作放棄地率を投入した.また,住民

表3-8 農地と宅地との混在にともなう地域住民の問題指摘確率の推計結果[注1)]

変数＼項目	農薬飛散	肥料悪臭	農作業騒音	不法投棄[注2)]
距離 (m)	−	− 0.003	− 0.004	− 0.003*
建物-畑 JOIN 値	0.098*	0.017	0.022	
水田率	6.05+	−	−	
耕作放棄地率	10.5+	−	−	
20・30歳代	−	−	−	1.21*
女性	−	−	1.13+	
定数	− 8.55**	− 1.29**	− 2.84**	− 0.74
デビアンス	72.5	122.7	87.4	83.5

注：1) 全ての係数について有意確率が20％未満である推計式のうち，デビアンスの最も小さい式を採用した．有意確率は ** 1％，* 5％，+ 10％．
2) 不法投棄については，距離 (m) は耕作放棄地までの距離を用いた．

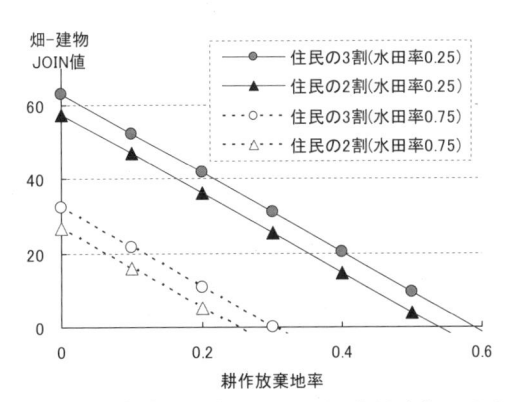

図3-6 農薬の飛散に対する問題指摘確率の予測

属性として，性別，年齢階層のダミー変数を投入した．

以上の推計式をもとに，土地利用の変化にともなう問題指摘確率の動向を予測する．

図3-6は，農薬飛散に対する問題指摘確率が2割および3割となる各場合について示したものである．耕作放棄地率が高くなると，農薬飛散への問題

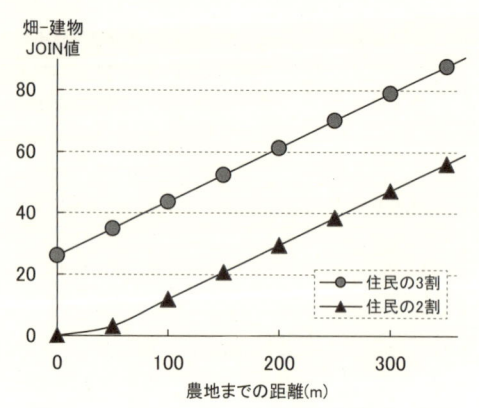

72　第3章　都市近郊における宅地化・耕作放棄発生の影響の予測

図3-7　肥料臭に対する問題指摘確率の予測

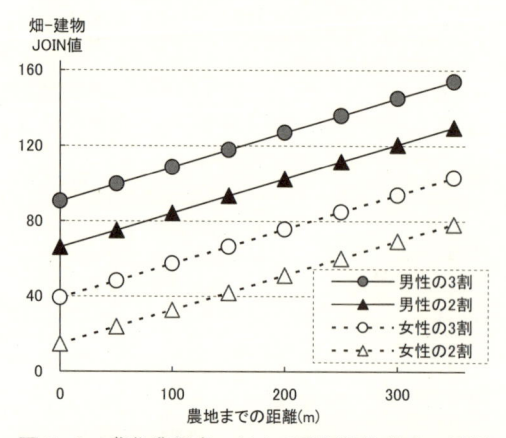

図3-8　農作業騒音に対する問題指摘確率の予測

指摘が高くなるのは，耕作放棄地が病虫害の発生源となるため，近接する農地において病虫害対策が必要となることと関係があると思われる．

同様に，図3-7は肥料臭に対する問題指摘確率が2割および3割となる土地利用変数について示したものである．地域内の畑と建物の混在状況と農地までの距離とにより，問題の指摘確率が顕著に増加することがわかる．

農作業騒音に対する問題指摘については，図3-8に示したように，性別により大きな差が見られる．畑-建物JOIN値が大きな地区を含め，男性が農

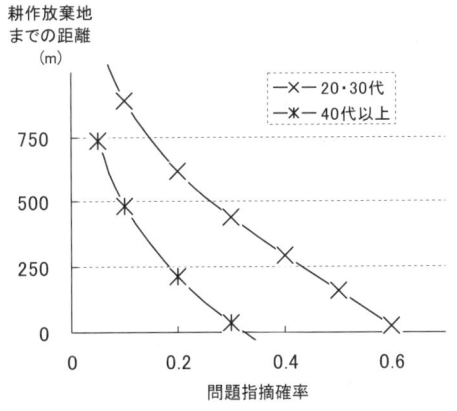

図3-9 耕作放棄地における不法投棄に対する問題指摘確率の予測

作業騒音について問題と感じる確率は低いと思われる．最後に，図3-9に耕作放棄地における不法投棄に対する問題指摘確率と耕作放棄地までの距離との関係を示した．比較的年配層の方が，放棄地に近くても問題と感じることが少ないと予想される．

IV. 結　語

　本章では，都市近郊地域において非農業土地利用の増大が農業生産および地域の居住環境にどの程度の外部不経済を与えるかを明らかにするとともに，その予測方法を提示した．この結果，外部不経済として想定した項目のうち，多くの項目において，農地周辺の耕作放棄地率，およびJOIN値の増大による外部不経済の指摘の増大を示すことができた．また，大規模畑作層における経営上の負担を明らかにするとともに，大規模担い手層と大多数の小規模層との間で，問題指摘割合がどの程度異なってくるかを定量的に示すことにより，担い手を中心とした農業振興上の農地保全の目標水準と，全員同意による保全水準とのギャップの程度を示せた．農業振興の面から言えば，地域の大多数の農家が，問題を認知するに至る以前の対策実施が重要だといえる．

　重点的な農地保全対策実施のための本手法の活用例として，表3-9に，畑

表 3-9 対策重点化地区の抽出 (畑)

		畑耕作放棄地率			畑 JOIN 値		
		30%〜	20〜30%	10〜20%	50〜	40〜50	30〜40
畑地率	60%〜	1	−	1	−	1	7
	40〜60%	−	2	2	1	4	2
	20〜40%	−	−	3	−	1	1
	10〜20%	−	2	3	1	−	1
	〜10%	2	2	−	−	−	−

注) 値は，該当する3次メッシュの数

地におけるメッシュの非農業土地利用指標が，本論の分析結果から見て一定の注意レベルに達していると考えられるメッシュの数を示した．なかでも，長期的な農業振興という点からすれば，農地が多く存在する地域において，早急な対策が必要であろう．

　今回のような通常の文章提示によるアンケート調査では，回答データをメッシュと同定する精度の確保が困難である点が課題として挙げられる．より精度を向上し，詳細な土地利用計画に結びつけるためには，地図を示して，当該メッシュ内の農地についての問題発生について回答を得る方法などの適用が考えられる．

注1) 山田 (1981) 第2章を参照．
注2) Y市では，集落内農家の経営耕地は居住集落周辺に存在しており，農事実行組合の所在地をもとに，農地の含まれるメッシュを同定することができた．ただし，厳密には農地の含まれるメッシュと農事実行組合が同定されたメッシュとは一致しない可能性がある．
　　　耕作放棄地率については，集落センサスデータや航空写真などを用いる方法も考えられる．
注3) JOIN値については，玉川 (1982)，恒川 (1991) などを参照．現時点では計画策定場面において普及している指標ではないが，隣接土地利用との接触度合い

を如実に示す指標であり，計測も比較的容易である．近年では，JOIN 値を全国レベルで計測した研究〔山本（2002）〕なども報告されており，その土地利用計画などへの応用が期待される．

注4) ロジスティック回帰分析については，丹後（1996）を参照．ロジスティック・モデルの他に，プロビット・モデルなどの適用が考えられるが，データの外挿による予測以外は結果に大きな差はないと考えられるため，今回は当モデルのみとした．

第4章 都市近郊平坦地域における水田利用計画
－水田水利施設の維持管理費用を考慮した地区分級モデル－

写真：都市近郊の幹線用水路．受益する水田面積が変化すると，面積当りの維持管理負担も異なってくる．

第4章 都市近郊平坦地域における水田利用計画

1. 背景と課題

　米生産が供給過剰傾向に転じ，生産調整が開始されて以来，水田の利用転換問題は，大きな政策課題の一つである．さらに，2002年12月「米政策改革大綱」において，一律の生産調整から，市場競争を重視した政策に転換する方向性が強調されており，より効率的な水田利用が求められている．
　水田利用の転換の際には，水田圃場のみならず水利施設などの圃場に付随した共同利用生産基盤の維持管理問題に焦点があたることになる．生源寺（1990）[注1] は，生産調整下の水利施設管理問題を整理し，とくに集団的かつ恒久的な生産調整ないし農地転用のケースにおいて，水利施設の維持管理が必要なくなる場合があるとしている．現状では，生産調整水田においても，水稲作と同様に水利費負担が課せられ，水利施設維持管理に充てられているケースがほとんどと言われているが[注2]，むしろ，効率的な水田利用を目指すには，水利施設維持管理方法の変更を含む，集団的な農地利用転換が必要だということになる．
　このことを以下に，模式図（図4-1）を用いて説明しよう．いま，用水路 α と用水路 β からそれぞれ用水を供給されている水田 A, B があるとする．かりに，A 地区と B 地区の水田利用が，どちらも同程度減少した場合でも，用水路 α と β は維持する必要があり，維持管理費はほとんど減少しない．ま

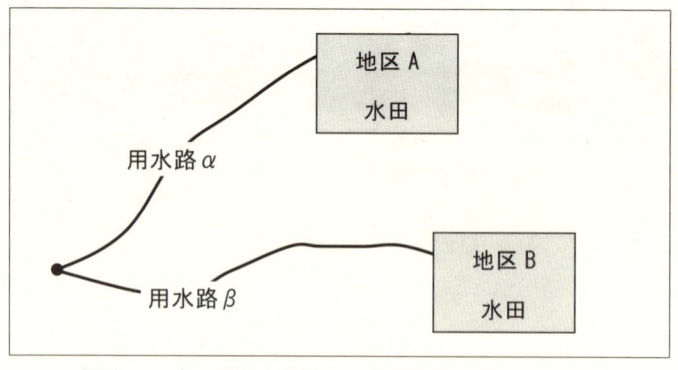

図4-1　水田利用と付随する水利施設の関係の模式図

た,残された受益水田面積当りの維持管理負担は増加することが予想される.このような場合,仮に,地区AまたはBに水田を集約し,用水路αまたはβのいずれかの維持管理負担が発生しないように土地利用を決定できれば,水田作の経済性はその分改善することが予想される.

とくに都市近郊においては,優良な水田を抱えつつも,相対的に高い比率の転作が実施され,スプロール的農外転用や混住化の下で,効率的な農地利用への転換を迫られている.既往研究においては,スプロール状況下での維持管理費負担の概念整理〔岡部(2001)〕や,都市近郊における水利施設の管理実態の詳細な把握〔水谷(1981)〕がなされている.また,地域農業計画論を中心に,数理計画法を適用した,農地の最適利用計画の導出が行われ,その中で共同利用施設の考慮もなされている〔武藤(1980)〕.上流から水利系統を通じて下流へ達する水の流れが,農業の生産性〔八木(1983)〕や,用水の有効利用〔水谷(1979),長束(1981)〕,あるいは水環境に与える影響を考察した研究〔Kumar(2002)〕もある.しかしながら,地区間に渡って存在する水利施設の維持管理に要する費用や,都市化の影響を考慮して,具体的な地域における最適な土地利用を導出した研究は見られない.

そこで本章では,水田土地利用が卓越する都市近郊地域を事例として選定し,都市化による水稲作への影響と水利施設の維持管理費用とを考慮に入れた地区分級モデル[注3]を構築し,将来の水田利用転換の方向性を提示する.

II. 分析方法

1. 水利施設の概況と維持管理コスト

本章では,分析事例として,埼玉県北部の荒川の北岸に位置するNR,TM,OS,NTの各土地改良区を対象とする.荒川から取水された用水は,幹線導水路,幹線用水路,支線用水路,さらに末端水路を通じて受益水田に配水される(図4-2).幹線導水路は4つの土地改良区の連合組織であるO連合土地改良区の職員により管理され,幹線,支線用水路は,関係する土地改良区の役員が草刈り,溝さらいを行っている[注4].末端水路は,関係する耕

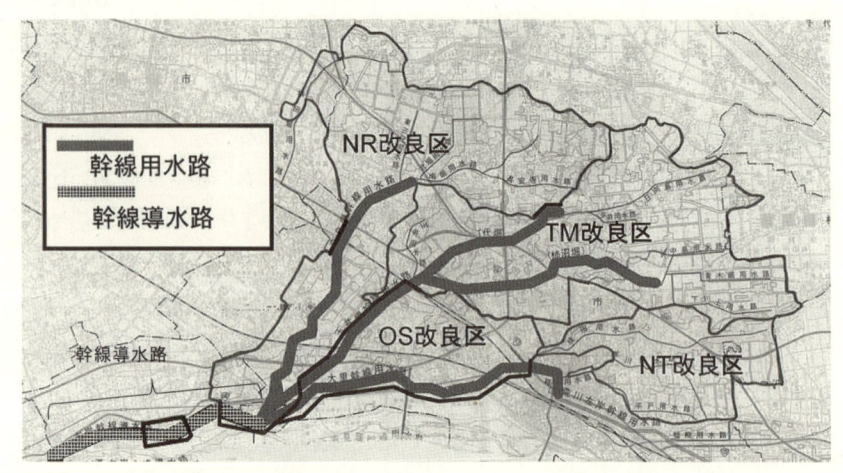

図4-2 事例地域の土地改良区および水利施設の概況

作者が草刈り，溝さらいを行う．

表4-1に事例土地改良区の収支の概況を示した．このうち，NT土地改良区は，とくに都市化が進行し受益水田面積が小さくなっており，次いでOS土地改良区において都市化が進行している．したがって，これらの土地改良区において，10a当りの工事費，分担金負担金，維持管理費，運営費，補助金助成金が大きくなっているのは，受益水田面積が減少し，水利施設の延長に比べて，受益水田面積が小さくなっているためと考えられる．また，住宅地への転用のため，他目的使用料[注5]，地区除外決済金の収入が大きく，年度間の繰越額が大きくなっている．

維持管理に係るコストは，①年々の水利施設の管理運営に係る経常的な費用，すなわち，草刈りや溝さらい，小規模補修などの維持管理費や事務的な費用と，②施設自体の長期的な維持，すなわち再建設への充当に係る費用とが考えられる[注6]．表4-2に，土地改良区資料および役員へのヒアリングをもとに，用水路延長当りに換算した維持管理コストを示した．都市化が進行すると，基幹的な用水路の延長は変わらず，受益面積が減少するため，受益水田面積当りの維持管理コスト負担が増すことが予想される．

表4-1 事例土地改良区の受益水田面積当り収支状況[注1]

	土地改良区	NR	TI	OS	NT	全国平均
	受益水田面積 (ha)	827.7	623.2	123.5	26.4	507.2
	用水路延長 (km)[注2]	22.7	24.1	6.0	18.8	6.4
収入 円/10a	経常賦課金	2,595	2,474	2,518	2,407	3,109
	特別賦課金	0	0	0	0	5,061
	補助金助成金	3,062	3,306	12,431	50,147	4,766
	借入金	0	0	0	0	5,024
	地区除外決済金	106	274	1,717	11,989	463
	他目的使用料	3,073	4,765	18,092	74,089	519
	その他	127	70	195	2,529	4,635
	繰越金	1,062	3,653	3,508	73,389	6,372
支出 円/10a	運営費	502	557	2,282	13,763	2,462
	維持管理費	303	348	784	9,812	2,132
	工事費	1,458	1,953	10,832	65,213	3,523
	分担金負担金	2,715	3,361	10,995	31,545	4,002
	借入金償還	0	0	0	0	8,144
	積み立て	710	1,879	1,717	15,780	2,055
	その他	1,180	1,475	2,986	7,755	2,055
	次年度繰越金	3,156	4,971	8,865	70,681	5,077

注：1）各土地改良区の値は，総代会資料（2002年度決算）より．全国平均の値は，全国土地改良事業団体連合会「土地改良区運営実態調査報告書」(2003年) より．
　　2）各土地改良区の値は，末端水路を除く延長．全国平均の値は，受益面積100 ha以上の基幹的農業用排水路の延長（農村振興局資料）をもとに求めた．

2. 都市近郊水田における生産性の把握

本論では，受益農家へのアンケート調査により，都市化による水田農業の土地生産性，労働生産性への影響および，末端水利施設の維持管理労働を含

表 4-2 水利施設の維持管理費用の設定

	延長 (km)	再建設価額[注1]		経常維持管理[注3]	
		総額 (百万円)	単価[注2] (千円/年・km)	経費 (千円/年・km)	春期労働 (時間/km)
幹線用水路	35	11,200	8,000	120	6
支線用水路	46	9,430	5,125	120	6

注:1) 土地改良区資料より.
   2) 耐用年数40年で年割.
   3) 土地改良区資料および関係者聞取りにより設定.

む農繁期の労働生産性を把握し,地区分級モデルに必要な,水田生産性に関する地域特有の係数を整理する.

1) 土地生産性の把握

都市化による土地生産性への影響としては,水質障害もしくは日照障害による収量低下が考えられる.農家へのアンケート調査では,自身で耕作する圃場のうち,最も多くの圃場が存在する地区(大字)の耕作圃場について,上記の障害により水稲収量低下の見られる圃場が,どれだけあるかを質問した.この結果をもとに大字単位に,地区別の障害面積率と都市化の程度を表わす水田率[注7](図 4-3)との関係を導出する.

(1) 水質障害面積率

まず,水質障害を受ける面積については,各地区の水田率との関係を次式により近似する[注8].

$$E_{wtr} = d_{wtr} \cdot \log_{10} U \cdots\cdots\cdots\cdots\cdots\cdots\cdots\cdots\cdots (1)$$

但し,E_{wtr}:各地区における水質障害面積率,
　　　U:各地区の水田率,
　　　d_{wtr}:推計すべきパラメータである.

(2) 日照障害面積率

同様に,日照障害の影響を受ける面積についても,各地区水田率との関係を次式により近似する.

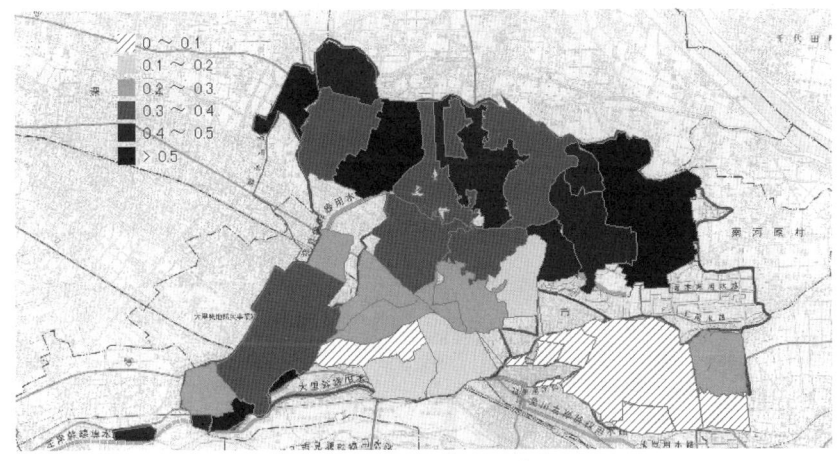

図4-3 水田率の分布

$$E_{slr} = d_{slr} \cdot \log_{10} U \cdots\cdots\cdots\cdots\cdots\cdots\cdots\cdots\cdots\cdots\cdots (2)$$

但し, E_{slr}：各地区における日照障害面積率,

U：各地区の水田率,

d_{slr}：推計すべきパラメータである.

(3) 減収調整済み利益係数

上記式 (1)(2) に地区 Z の水田率 U_z を代入することにより，地区別の障害面積率 E_{slrz}, E_{wtrz} が推計される．ここでは，アンケート調査の結果などから，水質障害を受ける圃場の収量を，通常の 0.94，日照障害を受ける場合は 0.96，水質，日照障害の両方の影響を受ける場合を 0.79 と設定した．いま，E_{bthz} を，水質，日照障害の両方の影響を受ける面積率とし，E_{slrz} と E_{wtrz} は独立であると仮定すると，減収調整済みの地区 Z の利益係数 r_z (円/10 a) は次式となる．なお，地区 Z の潜在的水稲収量 y_z とは，水質障害，日照障害の影響を受けない場合の収量である．

$$r_z = p \cdot y_z \times \{(1 - E_{slrz} - E_{wtrz} - E_{bthz}) + 0.94 \cdot (E_{wtrz} - E_{bthz}) + 0.96 \cdot (E_{slrz} - E_{bthz}) + 0.79 \cdot E_{bthz}\} - c,$$
$$E_{bthz} = E_{slrz} \cdot E_{wtrz} \cdots\cdots\cdots\cdots\cdots\cdots\cdots\cdots\cdots\cdots\cdots (3)$$

但し，p：米価（円/kg），

y_z：地区 Z の潜在的水稲収量（kg/10 a），

c：変動費[注9]；19.8千円/10 a（2000年米生産費，埼玉県販売農家平均）である．

2）労働生産性の把握

(1) 春期基幹作業

労働生産性については，農繁期である春期の労働時間を考察の対象とする．まず，春期の基幹作業である田植えおよび代かきの作業時間の技術係数 w_{spg}（時間/10 a）については，既往研究〔富樫(1995)，松岡(1997)〕をもとに圃場整備地区（B＝1），未整備地区（B＝0）の別に，表4-3のとおり設定できる．本論では，これに加え，用水路のゴミ拾い作業と，圃場周囲の草刈り作業とを，春期作業時間として明示的に考慮する．

(2) 末端水路のゴミ拾い

とくに都市近郊においては，末端水路にゴミがたまり，通水に不便を生じることが問題となりやすい．そこで，農家アンケート調査において，回答者の耕作圃場が最も多く存在する地区（大字）について，春期の用水路のゴミ拾い作業時間を質問した．なお，記入のミスや忌避を防ぐため，選択肢形式としている．そのため，回答された作業時間は離散データとして得られる．

以下では，ゴミ拾い作業を n_j 時間（$j=1\cdots J$；作業時間の階級）要すると回答する選択確率を従属変数とし，地区属性を説明変数としたロジスティッ

表4-3 春期基幹作業の労働技術係数[注]

	圃場整備地区（30 a 区画） B＝1	未整備地区（20 a 区画） B＝0
田植え（時間/10 a）	0.83	0.89
代かき（時間/10 a）	0.34	0.39
基幹作業計 w_{spg}（時間/10 a）	1.17	1.28

注）圃場作業効率は，富樫（1995）をもとに，地域の現状を踏まえ，代かき耕幅1.8 m，田植え6条として推計した．松岡（1997）より，労働技術係数＝10 a 当り圃場作業効率×実作業率 0.7とした．

ク回帰式を構築して,作業時間期待値の推計式を求めた.

春期ゴミ拾い作業時間 w_{wst}(時間/戸)が,n_j(時間)以上となる確率 $Pr(w_{wst} \geq n_j)$ の推計式は,下記のロジスティック回帰式(4)として近似できる.なお,アンケートにおける選択肢の設定から,$n_j = (0.3, 1, 2, 4)$ としている.

$$Pr(w_{wst} \geq n_j) = \{1 + \exp(-a_{0j} + a_{1j}U + a_{2j}S + a_{3j}B)\}^{-1} \cdots\cdots (4)$$

但し,U:回答者の地区水田率,

S:回答者の地区内耕作圃場枚数(枚/戸),

B:回答者の地区圃場整備状況(1:整備地区,0:未整備地区),

$a_{0j}, a_{1j}, a_{2j}, a_{3j}$:推計すべきパラメータである.

このとき,任意の地区属性におけるゴミ拾い作業時間の期待値 $E(w_{wst})$ は,階級値と階級別の発生確率との積和として式(5)のように表せる.

$$E(w_{wst}) = \sum_{j=1}^{J} \{n_j \cdot Pr(n_j)\},$$

$$Pr(n_j) = Pr(w_{wst} \geq n_j) - \sum Pr(w_{wst} \geq n_{j+1}) \cdots\cdots\cdots\cdots (5)$$

以上の式(5)について,$n_j = (0.3, 1, 2, 4)$,および地区属性として水田率 U,経営当りの耕作圃場枚数 S,圃場整備状況 B を代入して,地区別のゴミ拾い作業時間の期待値を求めるものとする.

(3) 圃場周囲の草刈り

また,圃場周囲の草刈り作業についても,回答者の耕作圃場が最も多く存在する地区(大字)について,作業時間を選択肢形式で質問した.いま,春期の草刈り作業を m_k 時間($k = 1 \cdots K$;作業時間の階級)以上要すると回答する選択確率を,$Pr(w_{wd} \geq m_k)$;$m_k = (0.5, 1, 2, 4, 6, 7)$ とすると,ロジスティック回帰式,および草刈り作業時間の期待値 $E(w_{wd})$(時間/戸)は,以下の式(6)(7)のようになる.

$$Pr(w_{wd} \geq m_k) = \{1 + \exp(-b_{0k} + b_{1k} \cdot S)\}^{-1} \cdots\cdots\cdots (6)$$

但し,b_{0k}, b_{1k}:推計すべきパラメータである.

$$E(w_{wd}) = \sum_{k=1}^{K} \{m_k \cdot Pr(m_k)\},$$

$$Pr(m_k) = Pr(w_{wd} \geq m_k) - \sum_{k}^{K} Pr(w_{wd} \geq m_{k+1}) \cdots\cdots\cdots (7)$$

(4) 春期作業時間の技術係数設定

以上から，地区 Z の春期作業時間 w_z（時間/10a）は，各地区の圃場整備状況から w_{spgz} を設定し，各地区の属性 U, S, B を代入して w_{wstz}, および w_{wdz} を求めた上で，次式のように求まる．なお，経営規模 q（10a）は，後述（Ⅲ-2.）の計算結果を勘案し，$q=140$ とした[注10]．

$$w_z = w_{spgz} + (w_{wstz} + w_{wdz})/q \cdots\cdots\cdots\cdots\cdots\cdots (8)$$

但し，w_{spgz}：Z地区の10a当り基幹作業時間（時間/10a），
　　　w_{wstz}：Z地区の1経営当りゴミ拾い作業時間（時間/戸），
　　　w_{wdz}：Z地区の1経営当り草刈り作業時間（時間/戸），
　　　q：経営規模（10a）である．

3．地区分級モデルの構築

以下では，地区分級モデルとして，春期の労働投入水準の制約下で，水利施設の維持管理費用や経営別の生産費を控除した，総計としての地域の農業所得を最大化する数理計画モデルを構築する．すなわち，都市化の影響や水利施設管理負担が存在する条件下で，地域として最も効率的と考えられるような，水田保全や水利施設の維持管理を考えるものとする．

1）目的関数

目的関数は，水利施設の維持管理費を差し引いた地域の農業所得 π（円）を最大化するように設定する．二値の整変数 I_G は水利施設の維持管理の有無を決定する変数である．水利施設は幹線用水路7施設，支線用水路16施設の23施設を設定し，表4-2の1km当り維持管理費をもとに，それぞれの施設の延長（km）を乗じて施設当りの維持管理費 g_G を求めた．なお後述するが，維持管理費 g_G としては，経常的な維持管理費と施設の再建設価額を年当

りに換算したものとを考慮する．

$$\max \pi = \sum_z r_z \cdot X_z - f \cdot K - \sum_G g_G \cdot I_G \cdots\cdots\cdots\cdots\cdots (9)$$

但し，変数 X_z：Z地区の水稲作付面積（10 a），

変数 K：経営体数（戸），

二値変数 I_G：水利施設Gの維持管理（1：管理する，0：管理しない），

g_G：水利施設Gの維持管理費（円/施設），

f：経営体当り固定費[注11]（円/戸）；

$f = 482.8$ 千円/戸・年（2000年生産費，埼玉県販売農家平均）である．

2） 地区面積制約

地区面積制約は，Z地区内の水稲作付面積が，Z地区の水田面積を超えないように，次式のように設定できる．なお，対象とする地区数は36である．

$$X_z \leq u_z \cdot a_z \cdots\cdots\cdots\cdots\cdots\cdots\cdots\cdots\cdots\cdots\cdots\cdots (10)$$

但し，u_z：地区Zの水田率，

a_z：地区Zの面積（10 a）である．

3） 春期労働時間制約

春期労働時間制約は，圃場における労働時間と，水利施設の維持管理に係る労働時間とを合計した時間が，地域の労働投入水準を超えないように，次式のように設定できる．なお，水利施設当りの維持管理労働 v_G は，表4-2の春期労働時間をもとに，それぞれの施設延長（km）を乗じて求めた．

$$\sum w_z \cdot X_z + \sum v_G \cdot I_G \leq w_{\max} \cdots\cdots\cdots\cdots\cdots\cdots (11)$$

但し，$w_{\max}$：地域の春期労働投入水準（時間），

w_z：労働の技術係数（時間/10 a），

v_G：水利施設Gの春期維持管理労働（時間/施設）である．

4） 経営ごとの固定装備

一つの経営が一式の装備で投入できる春期間中の作業時間は，一定時間（t 時間）に限られていると考えられる．そのため，最低限必要な固定装備の数，すなわち経営体数 K は，労働投入水準と次式（12）のような関係にある．なお，春期間中の作業時間 $t = 6$ 時間 $\times$ 30日 $= 180$ 時間とした．

$$K = w_{max}/t \cdots\cdots\cdots\cdots\cdots\cdots\cdots\cdots\cdots\cdots\cdots\cdots\cdots (12)$$

5）水利施設制約

　水利施設制約は，わずかでも地区Z内に水稲作付田が存在すれば，そこに配水するための幹線，支線の水利施設Gが維持されなければならないという制約を表現する．すなわち，微小な係数0.00001を配水を受ける地区Z内の作付面積X_Zに乗じ，X_Zが正となれば，$I_G=1$となるように構築する．ここで配水構造を示す係数$h_{Z,G}$は，下流の水路が使用されれば，上流の水路も必ず使用されるように設定する．

$$\sum_Z 0.00001 \cdot h_{Z,G} \cdot X_Z - I_G \leq 0 \cdots\cdots\cdots\cdots\cdots\cdots\cdots (13)$$

但し，$h_{Z,G}$：地区Zのうち，Gから配水を受ける地区を表わす係数（1：配水受ける，0：受けない）である．

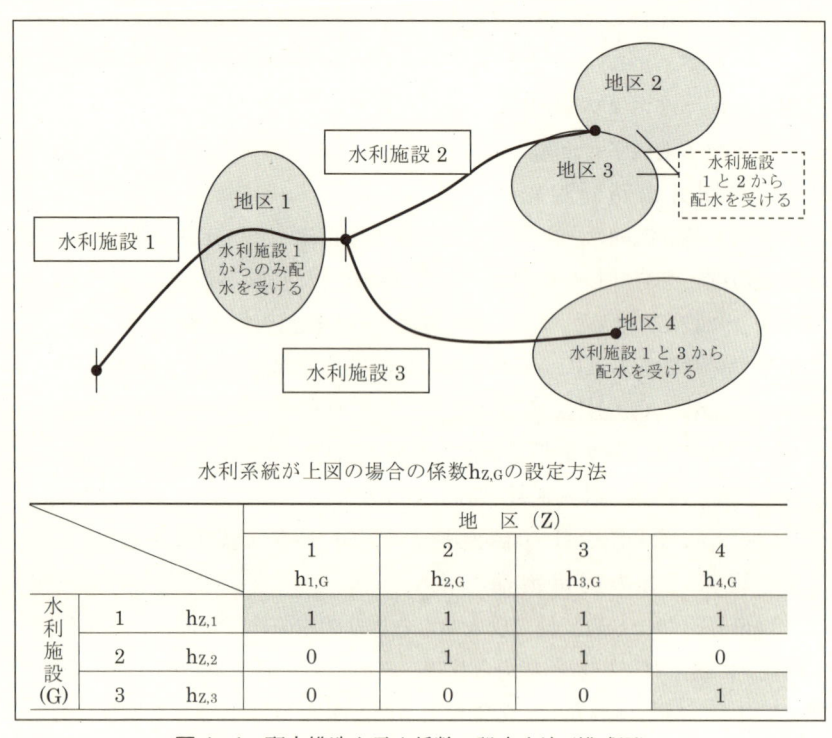

水利系統が上図の場合の係数$h_{Z,G}$の設定方法

			地区（Z）			
			1 $h_{1,G}$	2 $h_{2,G}$	3 $h_{3,G}$	4 $h_{4,G}$
水利施設 （G）	1	$h_{Z,1}$	1	1	1	1
	2	$h_{Z,2}$	0	1	1	0
	3	$h_{Z,3}$	0	0	0	1

図4-4　配水構造を示す係数の設定方法（模式図）

たとえば，ある地域で，図4-4の模式図の例のように，受益地区（Z）1～4と水利施設（G）1～3が配置されていたとする．この例の場合，地区1は，水利施設1からのみ配水を受ける．このため，係数$h_{1,1}$は1となる．しかし，この地区1は，水利施設2および3からは直接的にも間接的にも配水を受けないため，$h_{1,2}$，$h_{1,3}$は0となる．一方，地区2～4は，いずれも水利施設1が維持されなければ配水を受けることが出来ない．このため，$h_{2,1}$，$h_{3,1}$，$h_{4,1}$はいずれも1と設定しなければならない．また，地区2と3は水利施設2から配水を受けるため，$h_{2,2}$，$h_{3,3}$は1と設定する．同様の関係は，地区4と水利施設3の関係にもあてはめることができ，$h_{4,3}$は1となる．

したがって，事例地域では，地区36，水利施設23について，こうした関係を示す係数$h_{Z,G}$を設定し，式（13）は23本の制約式として表わすことになる．

4．シナリオの設定

分析上のシナリオについては，米価の下落を考慮し，現状水準の248円/kgとその8割水準との2水準を設定した．また，水利施設の維持管理負担の影響を見るため，維持管理に係る経常的経費のみを農家が負担する場合と，再建設価額についても負担するケースについて，計算を行う．

さらに，水利施設制約を考慮せず，地区単位の水田利用効率性のみを考慮して水田利用の意思決定を行い，それらの地区に対して全て配水を行うように維持管理を行った場合との比較を行う．これにより，戦略的な水利施設維持管理の意義について検証することが可能となる．

具体的には，目的関数の式（9）において，一旦$g_G=0$，$v_G=0$として最適値$\dot{\pi}$を求め，そこから該当する施設の維持管理費を差し引くことにより，水利施設制約の解除時の結果を得る．すなわち，この時水田利用を選択された地区に係る水利施設に関して$\dot{i}_G=1$とすれば，水田利用の決定において「維持管理を考慮しない」ケースの地域農業所得πは次式となる．

$$\pi = \dot{\pi} - g_G \cdot \dot{i}_G \cdots\cdots\cdots\cdots\cdots\cdots\cdots\cdots\cdots\cdots\cdots\cdots\cdots (14)$$

但し，$\dot{\pi}$：水利施設制約を解除して得られた最適値（円），

I_G:水田利用を選択された地区に係る水利施設Gの維持管理(1:管理する,0:しない)である.

III. 分　析

1．アンケートによる生産性の把握結果

以下では,アンケート調査による,都市近郊の水田生産性の把握結果について述べる.アンケートは,本論の内容を含む共同調査として実施された.2003年10月に土地改良区を通じて,土地改良区組合員に配布回収した.配布3,362,回収2,301(回収率68%),無効回答や非農家の回答を除いた有効サンプル数は1,387(有効回答率41%)であった.

1) 土地生産性

サンプル数の少ない地区を除いた30地区から,式(1),(2)のパラメータを求めたところ,下記のようになり,符号条件,決定係数とも良好な結果を得た.

$$E_{wtr} = -0.105 \cdot \log_{10} U, \ (R^2 = 0.78) \cdots\cdots\cdots\cdots(15)$$

$$E_{slr} = -0.135 \cdot \log_{10} U, \ (R^2 = 0.83) \cdots\cdots\cdots\cdots(16)$$

2) 労働生産性

式(4)および式(6)のロジスティックモデルの推計結果を表4-4および表4-5に示した.変数の有意水準は良好であるが,一部適合度の低いモデルが存在する.また,モデルによっては,採用されなかった変数も見られるが,概ね,設計通りの結果を得た.

以上の推計式をもとに,式(5),(7)から地区属性別の作業時間期待値を生成する.ゴミ拾い作業について,水田率,経営内圃場枚数,圃場整備有無を一定間隔で変化させた結果を図4-5に示した.同様に,草刈り作業時間の期待値については,図4-6のように求まる.

2．地区分級の実施

以上の係数を代入し,目的関数を最大化する.米価を現状水準とし,式

III. 分析

表4-4 ゴミ拾い作業時間の選択確率の推計式

関数[注1]	$P(n \geqq 0.3)$ Logit	$P(n \geqq 1)$ Logit	$P(n \geqq 2)$ Logit	$P(n \geqq 4)$ Logit
水田率	-1.767**	-1.718**	-1.514**	-1.125+
圃場枚数	0.069**	0.073**	0.056**	-
圃場整備	-0.666**	-0.449**	-0.324+	-
定数	0.348*	-0.300*	-1.037**	-2.21**
χ^2 [注2]	19.1	25.8	4.43◉	5.85○

注:1) 変数減少ステップワイズ法による.
　　　有意水準:**1％水準, *5％水準, +10％水準.
　　2) 10分割してχ^2検定を実施.
　　　モデル適合度:◉70％以上, ○50％以上.

表4-5 草刈り作業時間の選択確率の推計式

関数[注1]	$P(m \geqq 0.5)$ Logit	$P(m \geqq 1)$ Logit	$P(m \geqq 2)$ Logit	$P(m \geqq 4)$ Logit	$P(m \geqq 6)$ Logit	$P(m \geqq 7)$ Logit
圃場枚数	-	-	0.211**	0.231**	0.240**	0.289**
定数	7.228**	2.697**	0.075	-1.398**	-2.380**	-3.784**
χ^2 [注2]	-	-	6.06○	11.6	6.08○	5.98○

注:1) 変数減少ステップワイズ法による. 有意水準:**1％水準.
　　2) 10分割してχ^2検定を実施. モデル適合度:○50％以上.

(11)において，地域の労働投入水準$w_{\max}$を，上限まで投入可能とした場合の計算結果を表4-6に示した.

　経常的な維持管理経費のみを農家負担とするケースと，再建設費まで負担するケースとの2通りを計算したところ，再建設費まで負担するケースでは，経常費負担のみの場合に比べて水利費の負担がおよそ47倍となり，1戸当りの農業所得π/Kは約3割も小さくなっている. また，一部の地区（26 ha）では，現状の米価水準においても，配水して耕作を継続することは望ましくないと判断されている.

図 4-5 ゴミ拾い作業時間の期待値

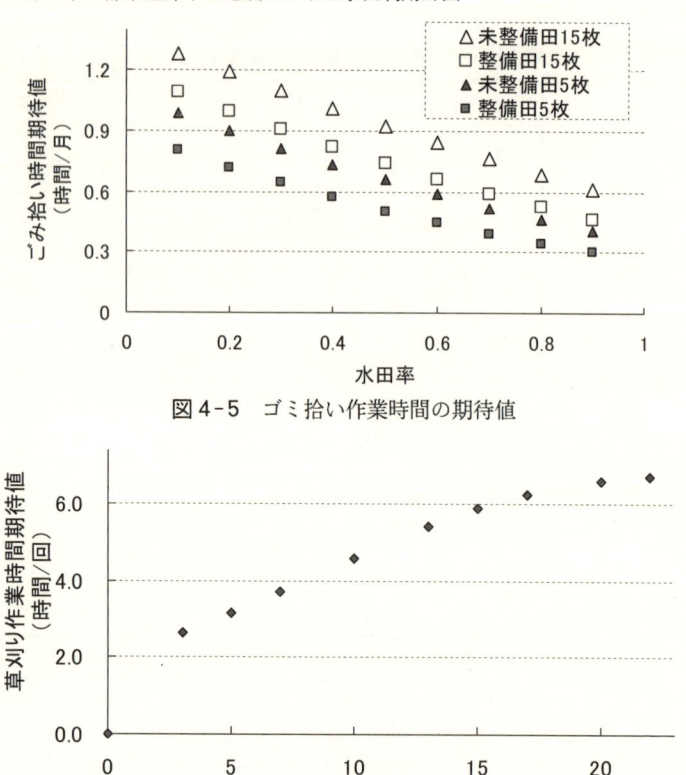

図 4-6 草刈り作業時間の期待値

　基幹作業以外の労働では，圃場周囲の草刈りが労働時間全体の約6％（経営当り10.5時間），末端水路のゴミ拾いが約0.5％（経営当り1.0時間）を占めた．また，幹線，支線用水路の維持管理労働については，全体の2％程度（経営当り3.7時間）であった．春期労働1時間当りのシャドウ・プライスは，5.3～5.4万円程度であり，支線，幹線用水路1 km 当りの維持管理労働では，34万円であった．

　同様の各ケースにおいて，米価が8割水準の場合も含め，式(11)の労働投入水準 w_{max} を順次変化させて，10 a 当りの農業所得の計算結果を見たものが図 4-7 である．なお，水田面積減少との関係を見るため，横軸には面積を

表 4-6 数理計画モデルの計算結果[注1)]

水利施設維持管理の農家負担範囲	経常的経費のみ負担	再建設費まで負担
水田作付面積　$\sum X_z$	1,574 ha	1,548 ha
残量　$\sum u_z \cdot a_z - \sum X_z$	0 ha	26 ha
労働時間　$\sum w_z \cdot X_z + \sum v_G \cdot I_G$	20,589 時間	20,175 時間
shadow price[注2)]	(5.3 万円/時間)	(5.4 万円/時間)
基幹作業　$\sum X_z \cdot w_{spg\,z}$	18,853 時間	18,538 時間
水路のゴミ拾い　$\sum X_z \cdot w_{wst\,z}/q$	116 時間	112 時間
圃場周囲の草取り　$\sum X_z \cdot w_{wd\,z}/q$	1,202 時間	1,181 時間
幹線維持管理　$\sum v_G \cdot I_G$（G：幹線）	181 時間	181 時間
支線維持管理　$\sum v_G \cdot I_G$（G：支線）	239 時間	163 時間
地域の農業所得　π	123,335 万円	83,437 万円
都市化による減収額　$\sum X_z \cdot \{(p \cdot y_z - c) - r_z\}$	1,073 万円	1,033 万円
幹線維持管理費　$\sum g_G \cdot I_G$（G：幹線）	362 万円	24,474 万円
支線維持管理費　$\sum g_G \cdot I_G$（G：支線）	478 万円	14,251 万円
10a 当り維持管理負担　$\sum g_G \cdot I_G / \sum X_z$	534 万円	25,016 万円
平均経営規模　$\sum X_z/K$	13.8 ha	13.8 ha
1戸当り農業所得　π/K	1,078 万円	744 万円

注：1) 米価 0.24 千円（現状）として計算.
　　2) shadow price は，労働時間の上限より1時間少ない労働時間から，労働時間の上限にかけての，所得 π の増分を示した.

採用している．米価が8割程度の水準に留まれば，当面は農業所得がマイナスになることは無いと考えられる．経常的経費のみを負担する場合，耕作する範囲が狭くなれば，より効率的な地区での耕作に集中することが可能であるため，10a当りの農業所得は漸増することがわかる．しかしながら，再建設費を含めるケースでは，1,500～600 ha の間では，10a当り農業所得はほぼ同水準であるものの，それより水田が減少すると，再建設費の高い幹線部分を維持する必要があるため，受益水田面積当りの負担が過重となり，経済性が一貫して低下することが示されている．また，受益面積が減少し，より経済性の高い水田が耕作の対象となるため，春期労働が相対的に稀少とな

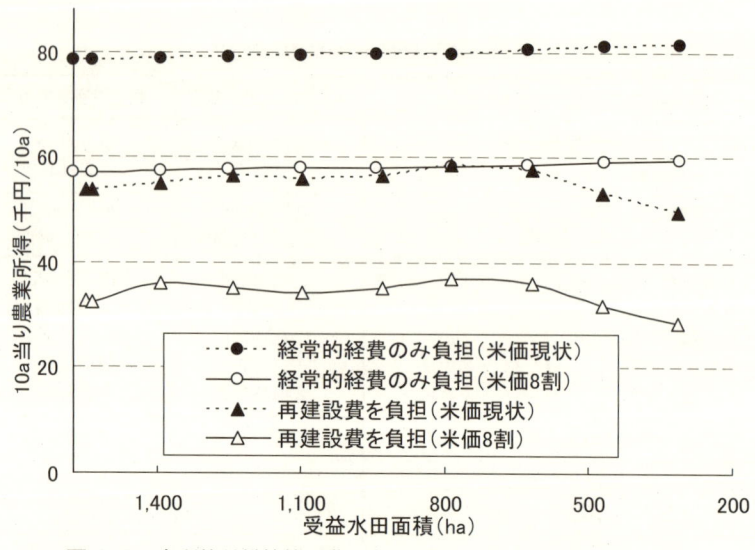

94　第4章　都市近郊平坦地域における水田利用計画

図4-7　水利施設維持管理費の負担と10a当り農業所得との関係

り，1時間当りのシャドウ・プライスも漸増する．たとえば，受益水田面積 600 ha（$w_{max} = 7,600$ 時間）の場合，シャドウ・プライスは，春期労働1時間当り6.0万円に，幹線，支線用水路の維持管理労働は1 km 当り38万円に上昇する．

3. 地区別の水田利用の決定において水利施設維持管理を考慮しない場合との比較

前節の結果は，地区別の水田利用の意思決定の際に，水利施設の効率的な維持管理を考慮した上での最適化結果であった．それでは，水利施設の維持管理を考慮せずに地区別の水田利用を決定し，なおかつ維持管理費を負担した場合はどうなるのであろうか．

図4-8は，維持管理を考慮した場合と，考慮しないで地区別の水田利用を決定した場合とについて，地域全体の労働投入水準 w_{max} を変化させ，一定の労働投入水準において，水田利用が選択される地区の範囲を示したものである．したがって，地域の労働投入水準が低くなっても水田利用が選択され

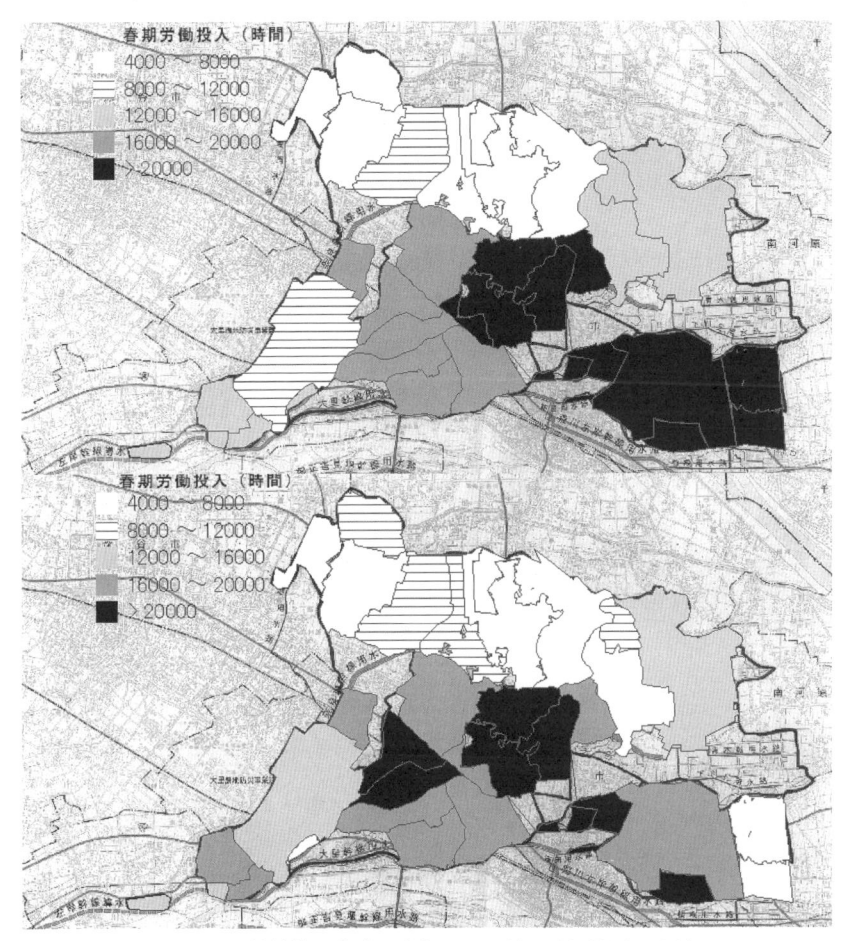

図 4-8 維持管理考慮の有無による地区分級結果の比較
(上：維持管理を考慮（経常的経費負担），下：維持管理を考慮しない)

る地区（白色系）ほど，水田の経済性が高く，効率的に保全を進める必要がある地区と考えられる．これによると，維持管理を考慮した地区分級結果（図4-8上）では，水路の系統ごとに，同等の生産性であると判断された地区がまとまって存在している．一方，維持管理を考慮せず，個別の地区の生産性のみより土地利用決定された結果（図4-8下）では，同一の水利系統の隣接

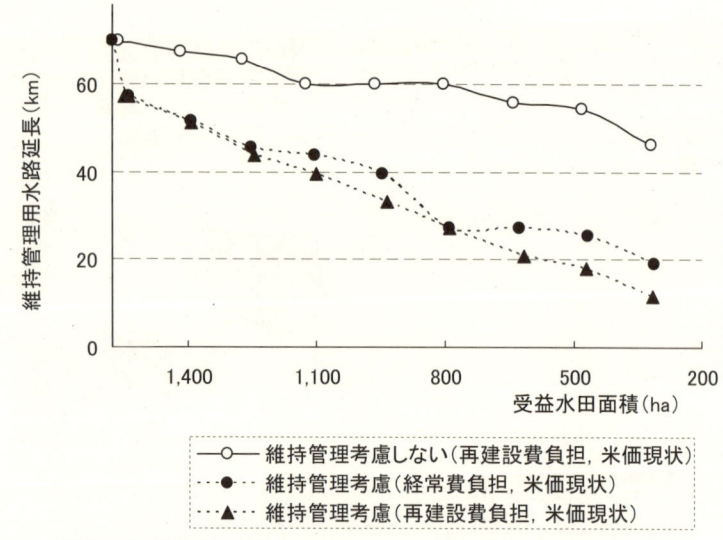

図4-9 維持管理考慮の有無による用水路延長の計算結果の比較

した地区が，異なる生産性であると判断される場合が目立つ．

図4-9は，水利施設の維持管理延長について，維持管理を考慮して計算した場合と，考慮しない場合とを比較した結果である．維持管理を考慮した計算結果においては，受益面積の減少に伴って，維持管理延長もほぼ同等の割合で減少していく．これに対し，維持管理を考慮せずに水田利用を決定すると，水田面積の減少比率に比べて，水利施設の維持管理延長の減少が少なく留まってしまう．その結果，残された受益水田面積当りの維持管理負担が大きくなることが予想される．

同様に，10a当り農業所得について，比較した結果が図4-10である．維持管理を考慮しないケースのうち，再建設費用を農家負担とするケースにおいては，受益水田面積の減少に伴って，急激に採算性が悪化し，ついには所得がマイナスとなる．これは，地区個々の水田の生産性のみに基づいた水田利用の意思決定を行っては，残存した水田での維持管理負担が過重になることを示している．これに対して，維持管理を考慮するケースでは，水田の利用転換に伴って，効率的に水利施設の維持管理範囲を減らすことにより，相

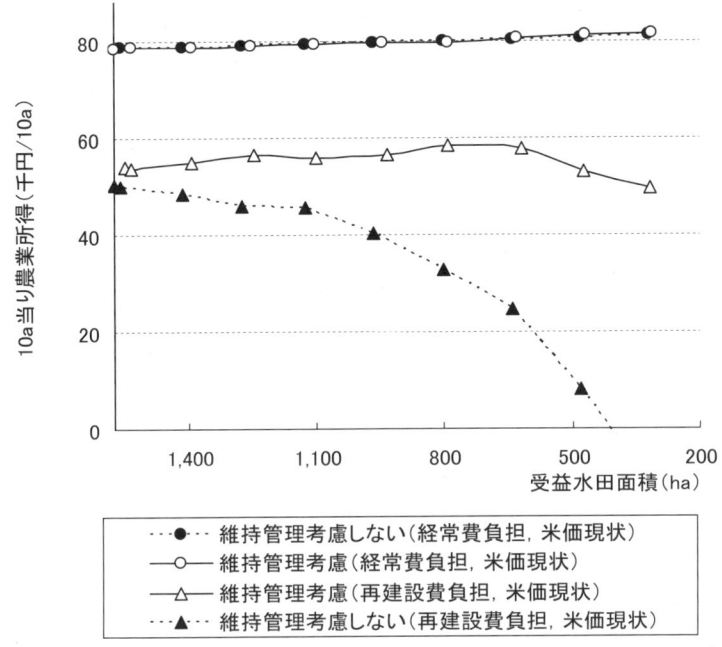

図4-10 維持管理考慮の有無による10a当り農業所得の計算結果の比較

当程度まで採算性を維持することが可能であると考えられる．

IV. 結　語

本章では，農家アンケートや土地改良区資料を用いて地域特有のデータを地区単位に整理した後，数理計画法を用いた地区分級モデルを構築した．その結果，都市化の影響と水利施設の維持管理の負担とを考慮した上で，将来の水田利用の方向性を示す方法を提示できた．

とくに，地域的な水田利用の意思決定時における維持管理負担の考慮の有無が，将来の水稲作の経済性に与える影響について示しえた．すなわち，地区個別の水田生産性のみならず，その地区に配水を行う水利施設の維持管理負担を考慮することの生産経済上の意味を定量的に示したと言える．これにより，たとえば，非農業的な「地域用水」としての機能のために水利施設を

維持する必要がある場合には，生産経済上の効率低下分を算出し，必要な財政的支援を提言することができる．

　本論では，地域全体の農業所得を最大化するモデルを構築しているため，多様な主体の存在を考慮していない．また，経営体が，地区の境界を越えて耕作することについての制約を設けておらず，経営個別に見た水利施設維持管理上の負担や，移動の負担については，一定であるとしている．収量低下などの都市化の影響についても，具体的な影響発生のメカニズムを十分に反映していない．今後は，以上の点を考慮しつつも，モデルの取捨選択を行い，より実用的な方法を構築していく必要があると考えられる．

注1)　生源寺 (1990) 第7章2節 (2) pp. 163-172.

注2)　全国土地改良事業団体連合会「土地改良区運営実態調査報告書」(2003年) によると，生産調整実施水田における賦課金の徴収の際に，減額や免除を行っていない地区が96.6%を占める．また，生源寺 (1990) pp. 183-188では，その理由として「転作奨励金に水利費相当が含まれる」，「水田耕作者の負担増を防ぐ必要性」が挙げられていることを指摘している．とはいえ，土地改良区によっては，実際には生産調整田への賦課金の減免を行いつつも，行政部局からは均等に賦課するように指導を受けているという例（筆者調査の九州の事例）や，土地改良区の事務局が「畑作の生産者は，水をほとんど使わないのに，経常賦課金をよく支払ってくれている」と指摘する例（本章の事例）も見られる．

注3)　「地区分級」とは，土地分級の一種で，集落程度の地区を一単位として扱うものを指す．

注4)　年2回の幹線用水路の草刈りの際には，日当8,000円/日・人が支給される．同様に，支線用水路については，地区総代も参加し，各地区（大字単位）の水利組合から年2回，5,000円/日・人が支給される．水利組合は，土地改良区から，用水路使用料（後述）の30%と，経常賦課金の6%が補助されている他，地区ごとに10a当り数百円程度の水利組合費を徴収して運営されている．

注5)　他目的使用料の大半は，用水路使用料である．以前は，下水道未整備地区において，毎年500円/浄化槽1人槽を住宅所有者から集めていたが，2001年度よ

IV. 結　語

り，転用の際に1万円/浄化槽1人槽を一時金として徴収している．

注6) 事例土地改良区では，国営の補助事業により，支出のうち，借入金償還金が0円となっており，全国平均に比べて相当小さいが，再建設の際には，財政補助がなければ，こうした負担が生じることが考えられる．

注7) 水田率は，土地改良区賦課金の徴収地区となっている大字の受益水田面積を，当該大字の地区面積で除して求めた．農地のうちでは，水田が卓越する地域であるため，この値は水田周囲の都市化の度合いを示す値と言える．

注8) サンプルをもとに水質障害面積の地区別平均値も算出可能であるが，地区ごとのサンプル数の制約により生じる誤差の影響を減じて，都市化との包括的な関係を求めるために，推計式を導出する．式(1)および(2)の関数型は，線形，二次，対数，平方根のうちもっとも当てはまりの良い推計式を採用した．

注9) 変動費は，10a当り生産費のうち，種苗費，肥料費，農業薬剤費，光熱動力費，その他諸材料費の合計とした．

注10) 圃場の区画面積は，整備地区30a，未整備地区20aとした．したがって，経営当りの耕作圃場枚数 S（枚/戸）は，$q=140$ のとき，整備地区で140/3（枚），未整備地区で140/2（枚）となる．

注11) 固定費は，1戸当り生産費のうち，農機具費および農用建物費の合計とした．

第5章　中山間地域の農地保全計画
－耕作放棄による外部不経済の影響を考慮した区画単位の分級モデル－

写真：中山間地域の水田．イノシシの侵入によって稲が倒伏すると，収量も落ち，刈取りにも手間がかかる．

1. 背景と課題

　中山間地域における農地保全は，土地利用計画論の大きな関心事項の一つである．高齢化・兼業化が農山村において例外なく進行し，農業の担い手不足が問題となる中で，土地所有者の個別の事情により農地が荒廃することも珍しくない．無秩序な耕作放棄地の発生により，周囲の農地には病虫害発生，日照阻害などの外部不経済をもたらし，農地流動化による団地的な農地保全は不可能となり，水路など共同利用施設の維持管理が困難になる．

　こうした問題を防ぐためには，一定の粗放的利用転換を行いつつも，明確な計画の下で農地を保全することが不可欠である．これまで，農地の計画的利用に向けた情報提供を目的とした土地分級論，あるいは地域農業計画論に関する蓄積はきわめて厚いが，今日の中山間地域における問題に対応するために，計画手法として満たすべき要件は以下のように整理できよう．

　第一に，近年，集落協定の実施がかなりの広がりを見せているが，協定の現場における判断を助けるためにも，土地を区分する単位，すなわち分級単位は，集落内の団地単位[注1)]ないし圃場単位である必要がある．第二に，地権者にとっての圃場単独の価値だけでなく，集落全体としてみた場合の圃場の価値を判断するために，耕作放棄に起因する外部不経済や，共同施設の維持管理，移動コストなどの影響を組込んだ手法である必要があるだろう．

　本章では，分級の際の判断の基準値，すなわち分級基準として，直接支払い制度のような所得補償施策の影響を反映でき，かつ，国土保全機能などの他の観点からの農地保全基準との比較が可能なように，期待農業所得をとる．その上で，隣接農地ないし，同一集落内に存在する農地が耕作放棄地化することによる影響を線形計画法に組み込んだモデルを構築する．また，分級単位としては，圃場単位を採用する．

II. 分析方法

1. 事例地域

本章の分析対象地域として，中国地域の山間部に位置する，島根県大田市O地区（K，T，Yの3集落）を選定した．この地域は，全国の中山間地域の中でも担い手不足が深刻な地域であり〔小田切（1994）〕，耕作放棄が進み「山が降りてくる」といった現象のもとで，獣害の増加や水利施設の維持管理困難などの問題が頻発している．

表5-1に，O地区K集落の水田利用状況を示した．ここでは，不作付地のうち転作の割当て分（各戸の水田面積の30％まで）は耕作放棄地とは区別して表記してある．実際には，転作割当て分が不作付地として固定化し，実質的に耕作放棄地化している部分もあるが，転作割当て分を越えた，形式上の耕作放棄地は4％にとどまっている．

また，水利組合は3つに分かれており，それぞれが水路掃除，水路沿いの草刈り，農道沿いの草刈りを実施している．

K集落は，12戸からなり，全てが農家である．図5-1に，各戸ごとの農地の利用状況を示した．経営耕地面積では，1haを超える耕作を行っている農家もある．また，集落外に経営耕地を持っている農家もある．農地の管理状況は良好であるが，井手（用水路）より上側は天水田で，収量が通常よりかなり少ないという．農地の受け手農家へのヒアリングによると，基盤の整っていない農地は作業効率が悪く，受け入れは困難だという．

図5-2は，K集落の性別年齢階層別の世帯員確保状況を示したものであるが．これによると，60代層が厚く存在し，また40代層も多い．

表5-1 K集落の水田利用状況（2001年）

水田所有面積計	水稲作付面積	転作割当て分不作付地	耕作放棄地
1038 a	737 a	257 a	44 a
100％	71％	25％	4％

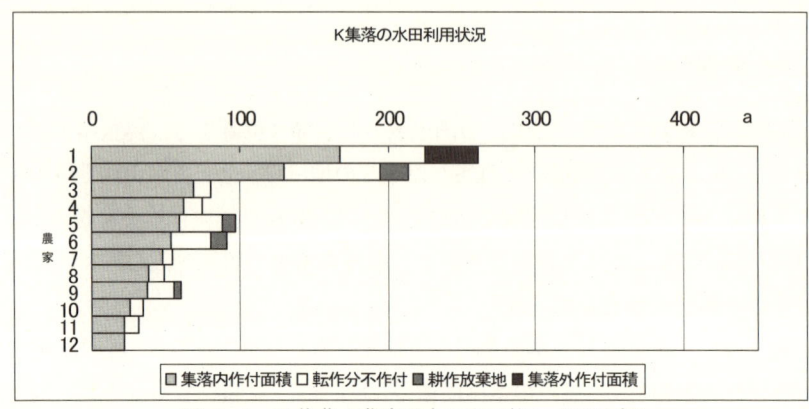

104   第5章　中山間地域の農地保全計画

図5-1　K集落の農家別水田利用状況（2001年）

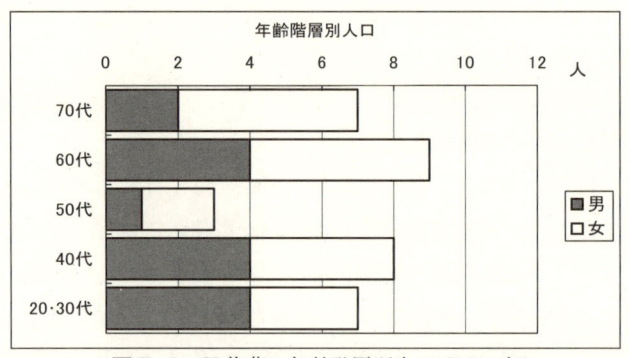

図5-2　K集落の年齢階層別人口（2001年）

2．期待所得圃場分級の構成

　以下では，線形（整数）計画法を用いて，圃場単位の土地利用が集落全体の農業所得に及ぼす影響をモデル化し，労働力賦存，政策などの与件変化に応じた土地利用像を示す手法を提案する．図5-3に本章における分析の基本構成を示した．まず，分級単位である圃場ごとに，一定の土地利用を行った場合の土地生産性および労働生産性を示す．なお，水稲作が中心であるとい

II. 分析方法　105

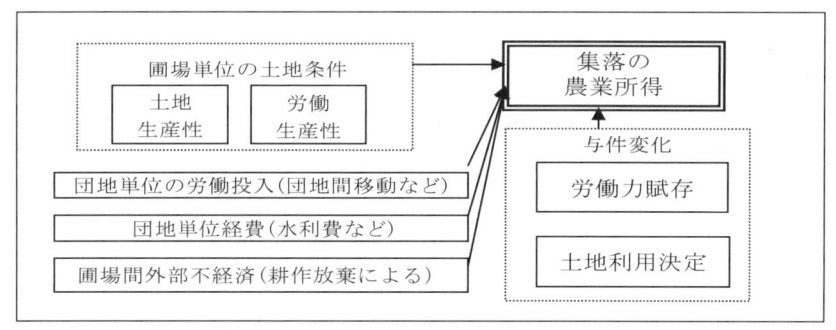

```
┌─────────────────────────────────────────────┐
│  圃場単位の土地条件         集落の           │
│  ┌──────┐ ┌──────┐     農業所得             │
│  │ 土地 │ │ 労働 │                          │
│  │生産性│ │生産性│                          │
│  └──────┘ └──────┘     与件変化             │
│  団地単位の労働投入(団地間移動など) 労働力賦存│
│  団地単位経費(水利費など)                    │
│  圃場間外部不経済(耕作放棄による) 土地利用決定│
└─────────────────────────────────────────────┘
```

図5-3　期待所得分級の基本構成

う実態を踏まえ，土地利用の選択肢として，水稲作付，水田の粗放的な保全管理，耕作放棄の3種を対象とする．

次いで，圃場の空間配置によって生じる農業所得への影響を線形計画法のモデルに組込む．ここでは，団地単位に発生する移動時間などの労働投入，水利費などの経費，異なる土地利用の圃場間に発生する外部不経済，特に耕作放棄による周辺農地への外部不経済を考慮する．その上で，労働力賦存条件や集落内の土地利用決定が異なる下での集落全体の期待農業所得を最大化する計画案を導出し，考察を加える．

3．圃場単位の土地条件の推計

1）土地生産性

まず，ある土地利用を行った場合の純収益を圃場ごとに推計する必要がある[注2]．これには，全圃場について出来るだけ正確な作物別収量を把握することが理想的であるが，現実にはそれが不可能な場合も多い．そこで，サンプル圃場における圃場別収量と圃場特性を示す諸尺度との関係式を求め，この関係式をもとに，全圃場の収量期待値を求める方法などの適用が必要となる[注3]．本論においては，事例地域の実態を踏まえ，圃場単位で比較的容易に観察可能な変数として，日射量，用水源，山からの距離，獣害の有無，倒伏の有無を選択し，以下の方法によって水稲収量の推計を行った．

まず，次式(1)，(2)において，サンプル圃場ごとの倒伏が発生する確率

Pf, 獣害が発生する確率 Pb をロジスティック回帰式により推計する.

$$pf = \frac{1}{1+e^{-zf}}, \quad zf = \alpha f + \sum_{j=1}^{n}(\beta f_j \cdot Ff_j) \cdots\cdots\cdots\cdots (1)$$

$$pb = \frac{1}{1+e^{-zb}}, \quad zb = \alpha b + \sum_{j=1}^{n}(\beta b_j \cdot Fb_j) \cdots\cdots\cdots\cdots (2)$$

但し, Ff_j : 倒伏発生に影響を与える圃場の特性変数 (日射量, 用水源),
　　　Fb_j : 獣害 (イノシシ害) 発生に影響を与える圃場の特性変数 (山からの距離),
　　　$\alpha f, \alpha b, \beta f_j, \beta b_j$: パラメータ,
　　　e : 自然対数の底である.

次いで, 以上の確率を用いて, 圃場ごとの収量 (kg/10 a) の期待値 $E(G)$ を次式 (3) によって求める.

$$E(G) = Pf \cdot Pb \cdot Gfb + Pf(1-Pb) \cdot Gf + Pb(1-Pf) \cdot Gb$$
$$+ (1-Pf)(1-Pb) \cdot Gs \cdots\cdots\cdots\cdots\cdots\cdots (3)$$

但し, Gfb : 倒伏と獣害が重なった場合の収量,
　　　Gf : 倒伏のみ発生時の収量,
　　　Gb : 獣害のみ発生時の収量,
　　　Gs : 倒伏も獣害も起きない場合の収量

とし, 各場合のサンプルから収量期待値を算出する.

2) 労働生産性

労働生産性についても, ある土地利用を実施した場合の一定期の必要労働時間を圃場単位に知る必要がある. 水稲作の機械作業については, 区画の広狭差による作業時間の推計方法などの蓄積が厚い〔遠藤 (1968), 平泉 (1990), 細川 (2002)〕. また, 刈取作業における稲の倒伏を考慮した試算計画〔納口 (1988)〕や中山間地域における傾斜度と法面除草時間との関係を指摘した研究〔有田 (1994)〕も報告されている.

本論では, 水稲作業のピークである秋期の収穫作業に注目し, 遠藤 (1968) をもとに, 下記のように稲の倒伏確率を考慮した収穫作業時間の推計を行っ

II. 分析方法

た．式(4),(5)は，圃場ごとの収穫(倒伏無し)作業時間 Hs (hour) および収穫(倒伏有り)作業時間 Hf (hour) の推計式である．

$$Hs = A/(36 \cdot v \cdot w) + (S/w + 3) \cdot t_1 + t_2 + t_3 \cdots\cdots\cdots\cdots (4)$$

$$Hf = A/(36 \cdot vf \cdot w) + (S/w + 3) \cdot t_1 + t_2 + t_3 \cdots\cdots\cdots\cdots (5)$$

但し， A ：圃場面積 (a)，
　　　 S ：圃場短辺長 (m)，
　　　 v ：通常時刈取速度 (m/s)，
　　　 vf ：倒伏時刈取速度 (m/s)，
　　　 w ：耕幅 (m)，
　　　 t_1 ：回旋時間 (hour/回)，
　　　 t_2 ：収穫物移送時間 (hour)，
　　　 t_3 ：圃場内脱穀時間 (hour) である[注4]．

また，代入値の把握および推計値のテストのために，集落内の圃場3カ所においてタイム・スタディ調査(2002年9月)を実施した．タイム・スタディ

圃場番号_____

開始時間	終了時間	進入・退出	長辺刈取	U旋回	長辺(端)刈取	短辺刈取	L旋回(直角)	短辺(端)刈取	空走	籾移送・排出	籾排出	その他停止時間
0:00	0:35	✓										
0:35	2:58				✓							
2:58	3:10						✓					
3:10	4:25							✓				
4:55	:					✓						
:	:											
:	:											

図5-4　タイム・スタディ調査票の設計および記入例

注) 左側2列に各行程の開始，終了時間を書き込み，残りの列に該当する行程をチェックできるように設計している．日時，圃場の形状，機械の性能，倒伏の有無，作業員の特徴などは別に記録する．

に際しては，図5-4のような調査票を用意し，日時，圃場の区画形状，機械の性能，倒伏の有無，作業者の特徴を記録した後，ストップウォッチにより作業の各行程の所要時間を記録していく．調査票の左側2列には，それぞれの行程の開始と終了の時間を，残りの列には，あてはまる行程をチェックできるように設計されている．

以上の結果を用いて，各圃場の収穫作業時間（hour）の期待値 $E(hx)$ は以下の式 (6) で表せる．ただし，Pf は各圃場における倒伏発生確率である．

$$E(hx) = Hs \cdot (1-Pf) + Hf \cdot Pf \cdots\cdots\cdots\cdots\cdots\cdots\cdots (6)$$

4．線形（整数）計画法による集落農業所得の最適化

前節の圃場別収量および必要労働時間を線形（整数）計画モデルに投入し，圃場単位の土地利用が集落の農業所得に与える影響を考察する．土地利用として，水田利用，粗放的利用による保全管理，耕作放棄の3形態を考慮し，集落内に均質な主体が存在するものとし，労働力水準を順次変化させた下での農業所得の最大化を行う．なお，単体表を表5-2に示した．

1）目的関数

目的関数は，以下の式で表せる．なお，外部不経済については後述する．また，団地の範囲と水利施設の受益範囲は同一（団地 d ＝水がかり d）とした．

$$\max \pi = \sum rx_i \cdot X_i + \sum ry_i \cdot Y_i - \sum ce_i \cdot E_i - \sum cm_d \cdot (Mx_d + My_d)$$
$$- \sum ci_d \cdot I_d - c_k \cdot K \cdots\cdots\cdots\cdots\cdots\cdots\cdots\cdots\cdots\cdots\cdots\cdots (7)$$

但し，π：集落の期待農業所得

　　　　　変数 X_i：圃場 i における水稲作付（1：作付する，0：しない），

　　　　　変数 Y_i：保全管理面積 (a)，

　　　　　rx_i：水稲の圃場別利益係数（円/圃場），

　　　　　ry_i：保全管理の利益係数（円/a），

　　　　　変数 E_i：圃場 i の放棄にともなう被外部不経済面積 (a)，

　　　　　ce_i：外部不経済単価（円/a），

　　　　　変数 Mx_d，My_d：水稲刈取，保全管理のための団地間移動（回），

表5-2 線形(整数)計画モデルの単体表

制約名	制約量	関係	水稲作付圃場 X_i	保全管理面積 Y_i	被不経済面積 E_i	圃地移動 Mx_d	圃地移動 My_d	水利施設 I_d	機械装備 K	行数	備考
(利益係数)			$rx_1 \cdots rx_i \cdots$	$ry_1 \cdots ry_i \cdots$	$-ce_1 \cdots -ce_i \cdots$	$-cm_d \cdots$	$-cm_d \cdots$	$-ci_d \cdots$	$-c_k$		
圃場面積	A_1 ⋮ A_i ⋮	≧	A_1 ⋱ A_i ⋱	1 ⋱ 1 ⋱						圃場数	—
外部不経済	0 ⋮	≧	$-\Sigma A_h \cdots A_h \cdots$ $-\Sigma A_h \cdots A_h \cdots$	$-(\Sigma A_h)/A_l$ ⋱ $-(\Sigma A_h)/A_i$ ⋱	-1					圃場数	A_h: 外部不経済を被る圃場 $h (h \ne i)$ の面積
圃地間移動	0 ⋮	≧	$\cdots Hx_i \cdots$ $\cdots Hx_i \cdots$	$\cdots hy_i \cdots$ $\cdots hy_i \cdots$		-6 -6	-6 -6			団地数	団地I $(D=1)$ 団地II $(D=1)$ 団地I $(D=1)$ 団地II $(D=1)$
水利施設	0 ⋮	≧	$\cdots A_i \cdots$ $\cdots A_i \cdots$			-90 -90		-1 -1		団地数	団地I $(D=1)$ 団地II $(D=1)$
機械装備	0 ⋮	≧	$0.0001 \cdots$ $0.0001 \cdots$						-150	水がかり数	水がかりI (団地I) 水がかりII (団地II) 1.5haに1台
秋期労働	w_{max}	≧	$A_1 \cdots A_i \cdots$		$we_1 \cdots we_i \cdots$	$\cdots wm_d \cdots$	$\cdots wm_d \cdots$	$\cdots wi_d \cdots$	1	1	—
列数			圃場数	圃場数	圃場数	団地数	団地数	水がかり数	1		

II. 分析方法

cm_d：各団地へのガソリン代（円/回），

変数I_d：水利施設 d の維持（1：維持する，0：しない），

ci_d：水利施設維持管理費（円/水がかり），

変数 K：機械装備数（式），

ck：年当り機械装備費用（円/式）．

なお X_i, M_d, I_d, K は整変数である．

2）圃場面積制約

圃場別の面積制約は，圃場 i の面積（a）をA_iとすると次式となる．

$$A_i \cdot X_i + Y_i \leq A_i \cdots\cdots\cdots\cdots\cdots\cdots\cdots\cdots\cdots\cdots\cdots\cdots\cdots (8)$$

3）外部不経済制約

耕作放棄に起因する他の圃場への外部不経済の発生メカニズムについては，これまでのところ，実証研究が不足している．本論では，耕作放棄による外部不経済が，不経済を被る側の圃場の面積に応じて生じるという仮定をおき，ceを隣接する水田における面積当り外部不経済単価（円/a），weを追加的に必要な労働投入（hour/a）として設定した．これは経験的に，隣接圃場での病虫害の発生や草刈り労働の増大が耕作放棄による水田への影響のうちでは重大であると考えられるため，投入経費・労働が隣接圃場の面積に比例して増加することを想定したものである[注5]．

いま，圃場 i が放棄されると，これに近接する圃場 h（h≠i）に対して，圃場 h の作付面積に比例して外部不経済が発生するとき，被不経済面積 E_i（a）は次の式（9）で表せる．同時に，この式では，耕作放棄地の一部ないし全体が保全管理された場合（$Y_i > 0$），保全管理された面積に比例して外部不経済が低減することを示す．また，圃場 i と圃場 h との組合せによる外部不経済の影響差については，係数a_{ih}（$0 \leq a_{ih}$）によって示すことが可能であり，本論では圃場 i と圃場 h が隣接する場合は$a_{ih}=1$，それ以外の圃場は$a_{ih}=0$とした．

ここでは，圃場 i の耕作放棄の有無につき，各1本の制約式が設定され，それぞれ E_i が求まるため，水稲作付田と隣接する耕作放棄地の数が増えると，比例的に外部不経済が増すことが想定されている．たとえば，2カ所の耕作

放棄地と隣接している場合の外部不経済は，1カ所と隣接している場合の2倍となる．この点は，検討の余地があるが，圃場の一側面が耕作放棄地に接している場合より，周囲を耕作放棄地に取り囲まれている場合の方が，影響は大きいことが予想され，一般的な感覚に近いものと考えられる[注6]．

$$-(\sum_h a_{ih} \cdot A_h) \cdot X_i + \sum_h a_{ih} \cdot A_h \cdot X_h - \{(\sum_h a_{ih} \cdot A_h)/A_i\} \cdot Y_i - E_i \leqq 0 \cdots (9)$$

4）団地間移動制約

水稲の収穫期においては，1日の収穫作業時間上限または乾燥機容量のいずれかが制約となって，団地間移動の必要性が生じる．そこで，1日収穫作業時間の上限を6時間，乾燥機の容量を90a分とすると，団地dに関する団地間移動制約は下記のように表せる．

$$D_d \cdot (\sum hx_i \cdot X_i) - 6Mx_d \leqq 0 \cdots (10)$$

$$D_d \cdot (\sum hy_i \cdot Y_i) - 6My_d \leqq 0 \cdots (11)$$

$$D_d \cdot (\sum A_i \cdot X_i) - 90Mx_d \leqq 0 \cdots (12)$$

但し，D_d：団地を示すダミー（例：団地Iの場合 $D_1=1$, $D_2=0$）

hx_i：圃場当り収穫作業時間（hour/圃場），

hy_i：面積当り秋期保全管理作業時間（hour/a），

Mx_d, My_d：団地への移動回数（回）を表す整変数である．

なお，保全管理には水稲刈取作業とは別途に移動を要するものとしている．

5）水利施設維持管理制約

水利施設については，水がかりごとに水田が1枚でも耕作されれば，維持管理が必要となる．前述の通り，ここでは，水がかりについて団地と同様の区分が行われるとし，下記の式のように表した[注7]．ただし，I_d は水利施設dの維持を表す整変数（1：維持する，0：維持しない）である．

$$D_d \cdot (\sum 0.0001 \cdot X_i) - I_d \leqq 0 \cdots (13)$$

6）機械装備制約

機械装備について，150aごとに装備が1式必要とし，次式で示した．

$$\sum A_i \cdot X_i - 150 \cdot K \leqq 0 \cdots (14)$$

7）秋期労働時間制約

最後に，労働時間制約は，ピーク期である秋期を採用し，収穫作業時間，保全管理作業時間，外部不経済として生じる作業時間，移動時間，水利施設の管理時間の合計が対象集落の労働力を越えないように次式のように表した．隣接圃場の耕作放棄による外部不経済 we_i としては，草刈り作業の増加などが考えられる．なお，ここでの労働時間は補助作業員の労働時間を含まない．

$$\sum hx_i \cdot X_i + \sum hy_i \cdot Y_i + \sum we_i \cdot E_i + \sum wm_d \cdot Mx_d + \sum wm_d \cdot My_d$$
$$+ \sum wi_d \cdot I_d \leq w_{\max} \cdots\cdots\cdots\cdots\cdots\cdots\cdots\cdots\cdots (15)$$

但し，$w_{\max}$：対象集落の秋期労働力（hour），

we_i：外部不経済として生じる作業時間（hour/a），

wm_d：団地移動時間（hour/回），

wi_d：水利施設維持労働（hour/施設）である．

5．計算結果の適用と考察

以上の計算結果について，計画的農地保全の観点から結果の適用を試み，考察を加える．第一に，労働力水準が変化した場合の耕作可能範囲をもとに土地分級図を描き，圃場個々から見た生産性の分布との比較を行う．圃場個々の生産性は，土地生産性と労働生産性の推計結果をもとに，作業時間当りの所得（円/10a）として求めることができる．なお，比較においては，「圃場個々の生産性からみた価値判断は，集落全体の土地利用から見た場合には，必ずしも最適ではない」という作業仮説を設定し，計画的保全の必要性を吟味する．

第二に，比較的まとまった農地の中で，穴抜き的な耕作放棄が発生した場合の影響を考察する．これにより，土地所有者の個別の事由などにより，計画上望ましくない耕作放棄が発生した場合の経済的損失を明らかにし，計画的保全の意義を示す．

第三に，多面的機能が存在するなどの理由で，効率性の低い農地を保全する必要がある場合における集落の所得への影響を吟味する．直接支払制度に

おいては，元来，環境支払としての効果も期待されているため，その実現において，どの程度の影響が生じるかを示す意義は大きい．

III. 分　析

1．圃場別収量の推計

まず，圃場別に収量を推計するため，2002年の8月〜9月にかけて，水稲収穫量の調査を行った．調査は3集落において行い，収穫前に各戸を訪問して調査票（図5-5）を配布し，圃場ごとの獣害・倒伏の有無，もみ収穫量，乾燥歩留まり，刈取作業時間などの記帳を依頼した．依頼戸数14，有効回答圃

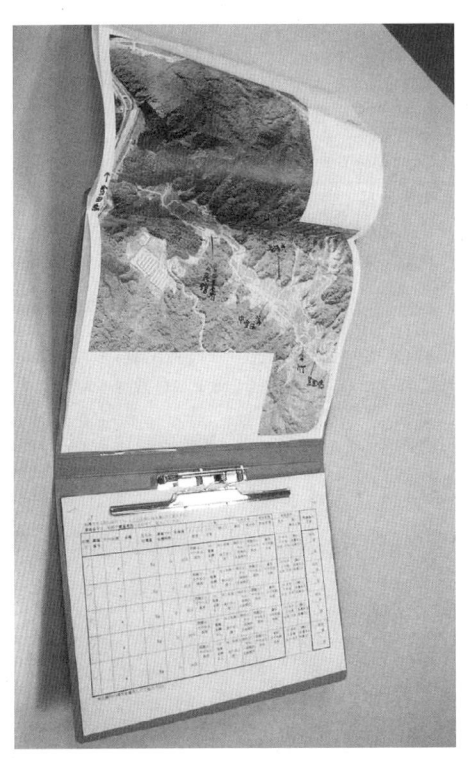

図5-5　留置した収量調査票
圃場図にあわせて，収量，倒伏，イノシシ害，作業時間の記入を依頼する．

表5-3 倒伏・獣害の発生と圃場条件との関係

倒伏発生 (1：有, 0：無)

説明変数	単位	係数
日射量	$(MJ/m^2/日)$	-0.836^*
用水	(用水路：0, 天水・湧水：1)	2.030^{**}
定数	—	11.810^+

獣害発生 (1：有, 0：無)

説明変数	単位	係数
山からの距離	(m)	-0.056^{**}
定数	—	1.039^+

注) ** 1％水準, * 5％水準, $^+$ 10％水準

表5-4 倒伏・獣害の発生と収量との関係

ケース	収量平均値 kg/10a	90％信頼区間[注1]	F値[注2]	n	予測ケース数[注3]
被害無し：Gs	537.8	514.2～561.4	5.38^*	34	46
倒伏のみ有り：Gf	494.0	465.0～525.0	0.50	12	6
獣害のみ有り：Gb	526.3	487.7～564.9	0.69	11	6
倒伏と獣害：Gfb	368.6	281.2～456.0	18.2^{**}	7	6

注：1) 標本分散＝母分散を仮定．
2) サンプル全体の収量平均値との有意差．** 1％水準, * 5％水準．
3) 推計式より，最も確率が高い事象が起こるとした各ケースの数．

場数は64であった．これらのサンプルをもとに，式 (1)，式 (2) から，倒伏・獣害の発生と圃場条件との関係を求めた結果を表5-3に示した．この関係式をもとに，全圃場の倒伏発生確率 Pf と獣害発生確率 Pb を算出するものとする[注8]．

サンプルにおいて，倒伏・獣害発生のケース別に単位面積当り収量の平均値を求めた結果が表5-4である．なお，圃場面積については，台帳面積をもとに実状を考慮して決定した．倒伏と獣害の両方において発生の指摘があった圃場に関しては，被害の指摘が無かった圃場に比べ有意に収量が少なくなっている．これらの値と，前記の Pf, Pb を式 (3) に代入し，全圃場の期待

収量を算出した．

2．圃場別労働時間の推計

次いで，圃場別の収穫作業時間の推計については，聞取りおよび収穫作業のタイム・スタディ結果（表5-5）から，刈取幅 $w=0.85$ m（2条），通常刈取速度 0.455 m/s，倒伏刈取速度 0.14 m/s，旋回時間 30.6 s/回，面積当り移送時間 203.4 s/a（グレンタンク370リットル），周囲長当り圃場内脱穀時間 6.73 s/m とした．これらの値を式(4)，(5)に代入し，収穫（倒伏無し）作業時間 Hs（hour），収穫（倒伏有り）作業時間 Hf（hour）を以下の式(16)，(17)のように導いた．ただし A：圃場の面積(a)，S：短辺長(m)，R：周辺長(m)である．

$$Hs = 0.128 \cdot A + 0.01 \cdot S + 0.00187 \cdot R + 0.0255 \cdots\cdots\cdots(16)$$
$$Hf = 0.289 \cdot A + 0.01 \cdot S + 0.00187 \cdot R + 0.0255 \cdots\cdots\cdots(17)$$

以上の式から求めた圃場別の収穫作業時間の推計値と，留置アンケート調査による収穫作業時間の回答値との相関を示したものが図5-6および図

表5-5 タイム・スタディ調査の結果概要

作業番号	1	2	3
圃場面積 (a)	7.3	6.9	4.4
倒伏	なし	なし	あり
使用コンバイン	2条刈 2袋どり	2条刈 2袋どり	2条刈 グレンタンク (370リットル)
刈取＋旋回時間 (hour)	0.76	0.58	1.18
（推計値）	(0.70)	(0.59)	(1.13)
うち刈取時間 (hour)	0.56	0.46	1.00
刈取速度 (m/s)	0.42	0.49	0.14
移送時間 (hour)	0.18	0.15	0.25
圃場内脱穀時間 (hour)	0.25	0.26	0.25
計 (hour)	1.20	0.99	1.68

注）調査は2002年9月に実施．

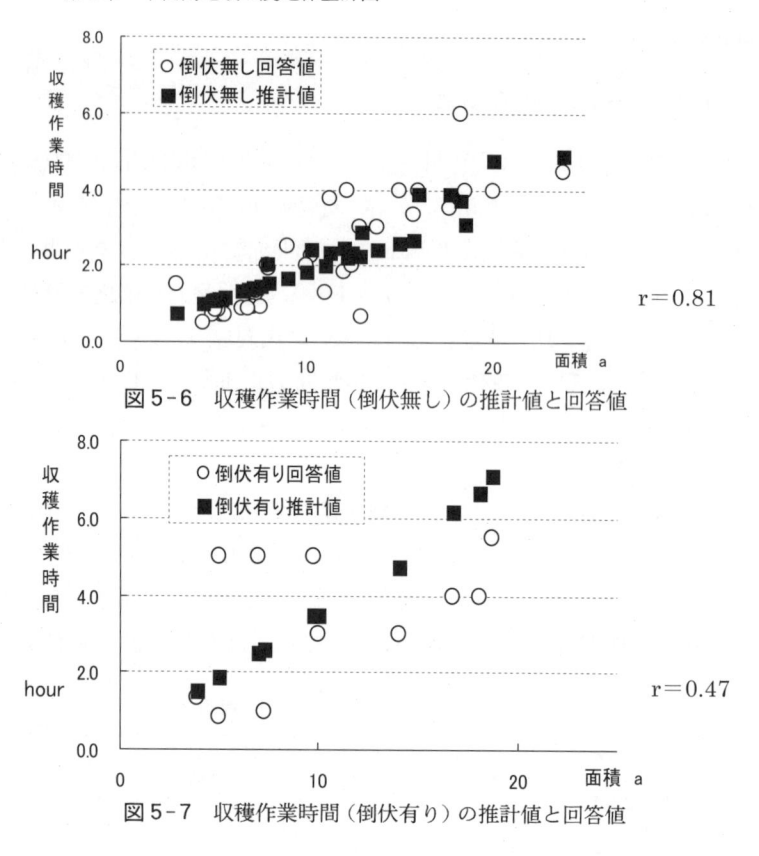

116　第5章　中山間地域の農地保全計画

図5-6　収穫作業時間（倒伏無し）の推計値と回答値

図5-7　収穫作業時間（倒伏有り）の推計値と回答値

5-7である．推計値と対応する回答値間の相関係数は，倒伏が無い場合は0.81と当てはまりが高く，倒伏がある場合では0.47であった．

3．線形（整数）計画モデルによる期待所得圃場分級の実施

以上の圃場別収量，作業時間データを用いて，K集落北側の圃場（83区画）について期待所得圃場分級を行う．まず，利益係数 rx については，米価を14,000円/60 kgとして前節の期待収量と掛け合わせ，費用は2001年度米生産費調査（島根県）より変動費に該当する部分を合計し一律23,960円/10 aとし，機械装備費用 ck は1式10万円/年とした．また，水稲以外に粗放的

表5-6 外部不経済制約の一例

圃場1の耕作放棄により圃場2, 4, 5の水稲作付に対し外部不経済が発生するとき,被影響面積 E_1 は次式となる. ただし,各圃場の面積は $A_1 = 8.83$, $A_2 = 9.23$, $A_4 = 8.94$, $A_5 = 3.71$.

$$-21.9 X_1 + 9.23 X_2 + 8.94 X_4 + 3.71 X_5 - 2.5 Y_1 - E_1 \leq 0$$

な土地利用を実施して圃場の一部ないし全体を保全管理した場合の利益係数 ry は,6,000円/10aとした.

団地および水がかりについては,集落の中央を流れる河川を挟んで東側と西側にそれぞれ1団地,1水利施設とし,各水利施設の維持(ci)に年間60,000円,秋期の維持管理労働(wi)として10時間要するとした.

外部不経済については,放棄地に隣接する水稲作付田において発生するものとし,表5-6のように制約式を順次構築した.なお,不経済の程度は隣接する水田における防除・除草などの増加を勘案し,$ce = 2,000$円/10a,秋季労働 $we = 10$分/10aとした[注9].

移動(wm)に際しては,団地につき東岸20分/回かつ20円/回,西岸30分/回かつ30円/回とし,さらに,圃場ごとに刈取作業時間(hx_i)に加えて進入退出,圃場間の移動時間として15分を要するものとした.

以上をもとに176行×256列からなる制約式群を構築して最適化を行い,

表5-7 労働力賦存の変化による農業所得の変化(最適化ケース)

秋期労働 w_{max} (hour)	農業所得 (万円)	外部不経済 (円)[注1]	水稲圃場 区画数	保全管理 区画数	移動回数	水利施設[注2]
154 (最大)	254.6	0	93 (297 a)	0	22	○
120	218.8	2,100	61 (252 a)	0	17	○
100	190.3	1,100	53 (217 a)	0	13	○
80	152.9	11,600	38 (178 a)	3 (3.6 a)	10	○
60	126.3	2,600	32 (140 a)	1 (0.5 a)	8	△
40	84.6	5,100	16 (96 a)	8 (6.9 a)	5	△

注:1) 外部不経済の単価は $ce = 2,000$円/10a.
　　2) 水利施設の△印は,西岸の水利施設が維持されない状態.

図 5-8 期待所得を最大化する土地利用計画
（外部不経済 2,000 円/10 a，秋期労働：左 100 時間，右 80 時間）

秋期労働（w_{max}）が減少した場合における農業所得の変化を見たものが表5-7である．最適に農地を保全した場合には，労働力が最大の154時間から半分程度（52％）の80時間まで減少しても，現行の6割強（152.9万円）の所得を確保できる．同様に，労働力が4分の1（26％）の40時間まで減少しても3割強（84.6万円）の所得を確保できる．また，労働投入が60時間以下にまで減少した場合，むしろ，西岸の水利施設を維持せずに，東岸だけに水田を集約した方が生産性を高く保てることが示された．

計算結果を用いて，図5-8のように労働力水準別の土地利用計画図として具体的に提示することが可能である．これによると，秋期の労働投入を100時間ないし，80時間までしか確保出来ない場合には，谷津田にあたる部分は，耕作から撤退せざるをえないことがわかる．また，労働投入が80時間まで減少する場合には，集落東北部の一部では保全管理地を設けて，飛び地となった水田と耕作放棄地との隣接を減らす必要性が明示的に指摘できる．

4．結果の適用と考察

1）圃場個々の生産性と土地分級結果

前節の図5-8のように，将来労働力の水準別に保全すべき農地を示すことができるが，これをさらに，労働力水準を基準とした土地分級図として示すことも出来る．たとえば，図5-9の右図は，労働力水準（w_{max}）60，80，100時間を境界として，それぞれの水準において保全可能な範囲を示したものである．西岸の圃場は，山の陰になる時間が長いため土地生産性が相対的に低く，団地としても狭いため，土地分級結果では東岸よりも1ランク低いと判断されている．よって，本事例に関して言えば，一部の狭小な圃場を除き，集落東岸の圃場を優先的に保全していくビジョンが描ける．

一方，図5-9の左図は，圃場個々の収穫作業時間当りの生産性（円/10a）を求めたものである．谷津田の部分の生産性が低いのは，右の分級結果と同様であるが，それ以外の部分には顕著な違いがある．圃場個々で見ると西岸にも生産性の高い圃場が存在するし，東岸にも相対的に生産性が低い圃場が存在している．したがって，圃場の個々に対する評価により土地利用が決定

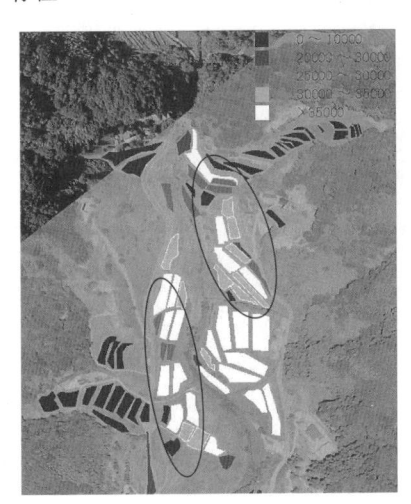

図5-9　圃場個々の生産性（左）と期待所得分級結果（右）との比較

されると，将来，相当労働力が減少した場合には，東岸と西岸でそれぞれ耕作放棄地が発生し，結果的に，モザイク状の非効率な土地利用を招きかねない．これはまさに，中山間地域おいて現在進行している事態を如実に表しているといえるのではないだろうか．

2）穴抜き的耕作放棄が発生する場合

圃場個々の生産性に基づかずとも，所有者の個別の事由で，耕作放棄が発生することも考えられる．とりわけ，優良な農地で，周囲にも生産性の高い農地が隣接するような圃場が耕作放棄される場合には，影響が懸念される．いま仮に，図5-10のように，穴抜き的な耕作放棄（3ヵ所，18.7 a）が発生した場合，労働投入の水準が同程度であっても，期待所得の水準は低くならざるを得ない．

与件として，外部不経済の単価（ce）と労働投入水準（w_{max}）が与えられた時，これらの穴抜き的な耕作放棄が集落全体の農業所得に与える影響は，図5-11のように示せる．外部不経済単価が大きいほど農業所得が減少するのは当然として，穴抜き的な耕作放棄が発生するケースでは，外部不経済単

図5-10 穴抜的放棄が発生する場合
（外部不経済：2,000円/10 a，秋期労働：左100時間，右80時間）

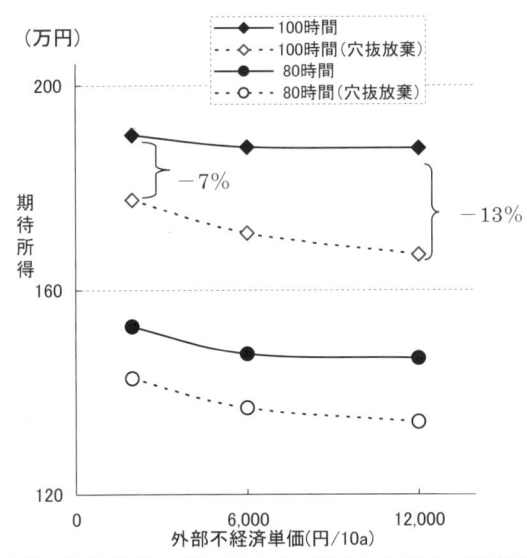

図5-11 穴抜き的放棄（3ヵ所，18.7 a）が発生した場合の期待所得の計算結果

価の増大に応じて減少幅が大きくなっている．たとえば図5-11において，労働投入100時間のケースでは，外部不経済単価を2,000円/10aと設定した場合で，集落全体の所得は最適土地利用よりも7％少ないが，外部不経済単価が12,000円/10aの場合では13％の減少となってしまう．外部不経済の発生実態に関する更なる研究が必要であることは否めないが，面的な保全の重要性は十分肯定できよう．

3）多面的機能の維持のための農地保全

一方，仮に多面的機能が存在するなどの理由で，比較的収益性の低い農地を維持すべき場合には，それらの農地を維持した場合と，期待所得から見て最適な土地利用を行った場合との所得差は，農地保全のコストと見なすことができよう．図5-12は，集落北東部の連坦する谷津田の一部（3ヵ所，9.3 a）を保全した場合と最適化ケースとの期待所得の差を推計したものである．ここでは，谷津田において，水稲の作付を義務づけた場合と，保全管理でも可とした場合とを推計した．保全管理に比べ，水稲作付の方が労働投入を必要とするため，水稲作付けが義務づけられた場合の方が，集落全体の所得に

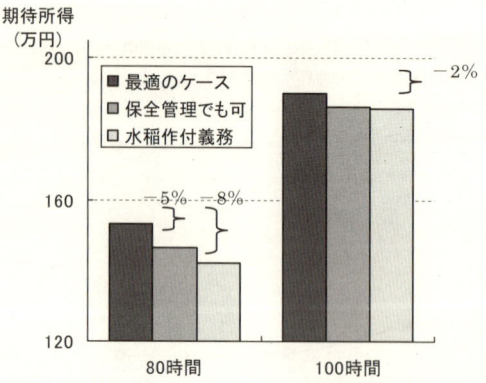

図5-12 特定箇所の農地保全（3ヵ所，9.3 a）を行った場合の期待所得の計算結果

与える影響は大きい．とくに，労働力賦存状況が厳しくなる中では，保全のためのコストは一層大きくなる．たとえば図5-11では，労働投入100時間の場合は，いずれのケースでも2％程度の所得減で済む．これに対し，労働投入が80時間の場合には，保全管理で5％，水稲作付では8％の所得減となる．したがって，政策的にこれらの農地の保全を義務づけるならば，将来の労働力水準に応じて，所得減部分を補填するしくみが必要となろう．

IV. 結　語

これまでの土地分級手法においては，分級単位を集落以下のレベルまで詳細にすると，土地単位と経営単位の同一性が保てなくなるため，圃場の個々の土地利用決定と集落全体の経済的成果との関係を示すことが困難であった．これに対し本章では，圃場単位に土地生産性と労働生産性を推計した上で，耕作放棄による外部不経済や団地間の移動効率について明示的にモデルに組込んだ線形（整数）計画法を構築した．その結果，農業所得という経済指標を分級基準とした圃場単位の土地利用計画図を描くことができた．

また，応用例として，比較的条件の良い農地が耕作放棄地化した場合や，逆に条件の悪い農地を政策的に保全した場合の期待所得の推計や土地利用計画案の提示方法を示した．かねてより，中山間地域において計画的な農地保全が重要であり，不在地主を含む土地所有者の耕作放棄が，雪崩的な農地荒

IV. 結 語

廃の引き金につながるという議論がなされてきたが，この分析により，個々の耕作放棄が集落全体の農業所得に与える影響を定量的に検討することができた．また，直接支払いなどによる政策的な多面的機能の維持に対応した計画手法としての応用可能性についても提示できたといえる．他の応用例としては，広域の土地利用計画との連携による，集落外の個別経営や集落営農などの担い手への農地集積の判断基準の提示などが考えられる．

一方で，改良点としては，第一に，水稲ならびに他の作目についての圃場単位の生産性についてのデータ収集・推計方法の精緻化が図られる必要性を指摘できる．この点は，ITを活用したモニタリング技術の進歩により，一層の利用可能性が期待できる．第二に，今回は水稲作以外の農業的土地利用として，調整水田をモデルに盛り込んだが，転作物や複数作目，あるいは畜産などが存在する場合の応用方法の提示が必要である．第三に，これは計算が膨大になるおそれがあるが，複数主体が存在する場合の推計も必要であろう[注10]．第四に，本論では，外部不経済の単価が異なる場合の推計結果を示したが，外部不経済の発生に関する実証研究が望まれる．耕作放棄による他の農地への影響は，作目の種類はもちろん，傾斜の方向などの地形条件によっても異なる可能性があり，影響の実態はより一層複雑であろう．土地利用計画手法としては，こうした複雑な実態を的確に捉えた上で，可能な限りシンプルなモデルを構築していくための取捨選択と実証の努力が必要とされるだろう．

注1) 団地とは，農作業上ひとつの単位として扱える範囲内にある，ひとまとまりの農地を指す．

注2) 水稲作においては，土地の豊度の差は費用差よりも収量差として表れ，とくに不作時に差が大きいという知見など〔生源寺（1990）pp. 21-27〕もあることから，本論では収量差を中心に分析を進めるが，昨今のモニタリング技術の進歩により，圃場単位においても要素投入と産出の関係把握および分析が容易になることが期待される．

注3) 地域によっては農作物共済基準収量が利用可能な場合もあるが，当該地域にお

いて，農作物共済開始当初の収量が機械的に再集計され，等級変更の届出についても，各農家のリスク判断や収量への関心差によってなされるという実態を踏まえ，推計が必要と考えた．理想的には，$y=f(x)$ のような関数型が情報量のロスが少ないが，連続値をとる客観的データが未整備であるという現状を鑑み，本論の推計方法を採用した．

注4) 作業は連続往復＋回り法とし，枕地回行作業行程を2回とした．

注5) もし仮に，耕作放棄地 i に隣接する水稲圃場 h の隣接長 E_i(m) に比例して外部不経済が発生するとした場合には，圃場 i と h の隣接長を L_{ih}(m) とし，次式で表せる：

$$-(\sum_h L_{ih}) \cdot X_i + \sum_h L_{ih} \cdot X_h - E_i \leq 0．$$

また，一定の範囲内の圃場 h に対して外部不経済が及ぶ場合には被不経済面積 E_i(a) は次式で表せる：

$$-(\sum_h A_h) \cdot X_i + \sum_h A_h \cdot X_h - E_i \leq 0．$$

注6) 式(9)の形では，とくに面積の大きな圃場区画において，たくさんの耕作放棄地と隣接した場合の影響が過大となる可能性が否定できない．この場合，係数 a_{ih} を区画面積に応じて変化させる対応方法が考えられる．一方，耕作放棄地と隣接する区画数によらず，1カ所の隣接でも，それ以上でも影響は同じであると仮定する場合には，耕作放棄区画変数（たとえば U_i）を設定し，目的関数に E_i の項のかわりに以下のような項を設ければ対応可能である：

$$\{-\sum_i ce_i \cdot A_i \cdot X_i \cdot U_i\}．$$

但し，変数 U_i：i に隣接する耕作放棄の有無（1：放棄有り，0：無し），$U_i = [|X_h - 1|]$，[　]：要素（i に隣接する h の土地利用）のうち，最大の値を取ることを示す．この場合，非線形となるため，モデルの構成によっては，解の導出が難しくなる可能性は否定できない．

注7) 式(13)において，係数「0.0001」は，0ではない微少な値として設定した．これにより，水がかり d の水田のうち，1圃場でも水稲作付されると，$I_d = 1$ となる．

注8) 今回は50mメッシュ単位の日射量データ（2002年7月分）が入手出来たためこれを利用した．日射量データが入手できない場合にも，日照時間であれば地

形情報から算出することが可能である〔長沢(2000)〕.

注9) 外部不経済の単価については,事例地域のカメムシ防除費1回2,000円/10 aを参考にして設定したが,獣害対策などのため,より多くの費用がかかることもある.

注10) 本論では均質な耕作主体によるモデルを構築したが,変数と制約式を追加することにより複数の異なる主体によるモデル構築も可能である.ただし,圃場を分割不可能なものとして扱う整数計画法の場合,計算時間が長くなることは避けられない.

第6章　中山間地域における農地集積計画
－地区レベルの規範モデルによる大規模水田経営の成立可能性の検討－

写真：中山間地域の水田．美しい景観が広がる一方で，
機械作業効率は高くない．

I. 背景と課題

　中山間地域において，稲作の大規模経営の展開が困難とされてきた理由として，従来から，① 圃場内や畦畔などの作業の非効率性，② 農道・水路などの地域資源管理問題，③ 後継者の定住・就農に対する意識の後退が指摘されてきた〔柏 (2002)〕.

　こうした中，柏 (2002) に見るように，中山間地域における好条件の水田生産基盤を背景とした，大規模稲作経営の成立ポテンシャルを認める指摘もなされつつある.

　これまで，中山間地域の生産基盤条件と，大規模経営の成立可能性について分析した研究には，集落営農法人のデータをもとに，中山間地域における面積拡大による低コスト生産の可能性を指摘した例〔竹山 (1999)〕や，具体的な数値や区分の根拠が十分に示されてはいないが，任意に上・中・下に三区分した圃場条件別の面積比率と農業所得との関係を線形計画法により分析した例〔棚田 (2002)〕がある．しかしながら，中山間地域における現実の農地賦存に基づいて，大規模経営の成立可能性を考察した研究はほとんど見られない．また，中山間地域の条件不利性を議論するには，少なくとも圃場の区画規模，傾斜，一定距離内の農地の賦存量といった要因が十分に考慮される必要がある．さらに，現在実施されている，傾斜地への直接支払いの影響を踏まえた議論が必要であろう.

　そこで，以下では，直接支払いの影響を加味しつつ，中山間地域において，いかなる性質の水田生産基盤が，大規模経営の成立にとって重要であるのかを吟味する．すなわち，農地賦存量や直接支払いの水準が異なる条件下で，通作条件や，圃場条件の差が，大規模水田経営の生産性に与える影響の差を分析可能な分級手法を構築するものとする.

II. 分析方法

　大規模経営の成立条件について分析する方法としては，生産費調査などを用いた実証的手法による方法と，線形計画法などによる規範分析による方法とが考えられる．本論では，事後的な成立要因ではなく，ポテンシャルを明らかにすることに主眼があるため，後者を採用する．

　また，分析に際しては，農業地域別に，農地面積に占める水田の割合が高い，東北，北陸，近畿，中国の4地域の中間，山間地域（図6-1参照）を選定し，各地域別の統計データを用いた解析を行うものとする．

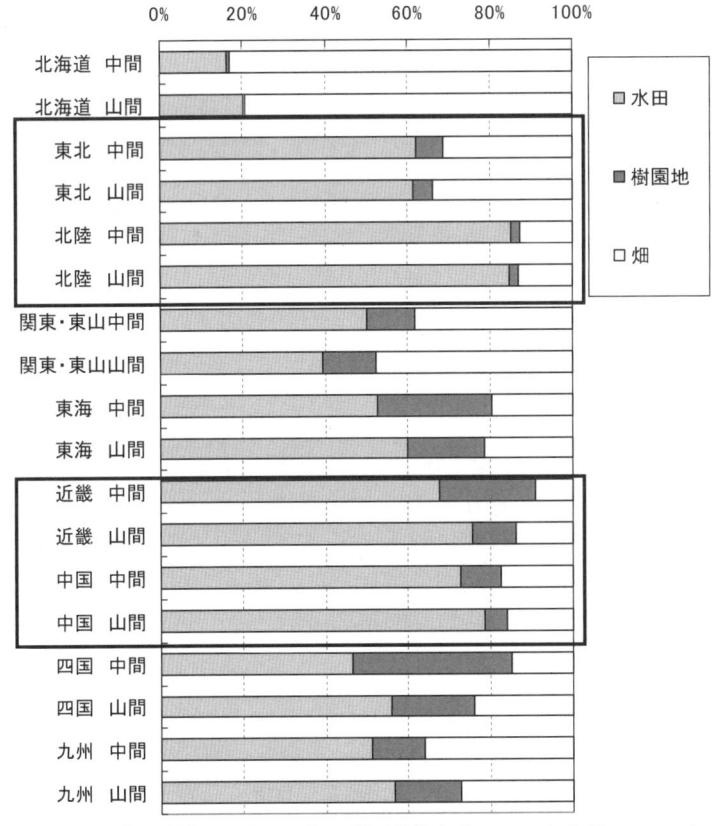

図6-1　農業地域別の水田・畑・樹園地等割合（2000年農業センサス）

1. 線形計画モデルの構築

1) 目的関数

本論では,圃場に水稲作付のみを行うものとして推計を行う.圃場条件として9通り(区画規模3通り;10a, 20a, 30a, 傾斜率3通り;1/100, 1/40, 1/20),通作条件として7通り;0.5km, 1km, 1.5km, 2.5km, 5km, 10km, 15km の計63通りを設定した.

このとき,圃場条件 i,通作条件 d が異なる圃場面積 X_{id}(単位10a)を組み合せて,固定費控除前の農業所得 π(円)を最大化するように目的関数を以下のように設定する.

$$\max \pi = \sum_i \sum_d r_{id} \cdot X_{id} \cdots\cdots\cdots\cdots\cdots\cdots\cdots\cdots\cdots\cdots\cdots (1)$$

但し,r_{id}:利益係数(円/10a)である.

2) 条件別土地制約

圃場条件 i,通作条件 d ごとの賦存面積を A_{id}(10a),賦存面積のうち,当該経営が集積できる割合を集積率 g_{id} とすると,条件別の土地制約は以下の式で表せる.

$$X_{id} \leq g_{id} \cdot A_{id} \cdots\cdots\cdots\cdots\cdots\cdots\cdots\cdots\cdots\cdots\cdots\cdots\cdots (2)$$

3) 各期の通作条件別移動制約

通作条件 d に応じて,圃場への移動が必要であるため,これを移動制約として,モデルに組込む.いま,春(代かき,田植え),夏(法面草刈り),秋(刈取り)の各期 s における通作条件別の移動回数を M_{sd}(回)とする.このとき,移動回数 M_{sd} は,s 期の所要作業時間を,s 期の1回当りの作業可能時間で除した値となる.よって,式を整理すると,各期の通作条件別移動制約は次式で表せる.

$$\sum_i w_{si} \cdot X_{id} - t_s \cdot M_{sd} = 0 \cdots\cdots\cdots\cdots\cdots\cdots\cdots\cdots (3)$$

但し,w_{si}(hour/10a):圃場 i における s 期の労働技術係数,

t_s(hour):s 期の1回当り作業可能時間

である.

4) 各期労働制約

各期における投入可能な労働時間の上限を W_s (hour) とすると，各期の労働制約は次式となる．

$$\sum_i \sum_d w_{si} \cdot X_{id} + m_d \cdot M_{sd} \leq W_s \cdots\cdots\cdots\cdots\cdots (4)$$

但し，m_d (hour)：通作条件別の移動1回当り所要時間である．

2. 係数の設定

1) 農地賦存面積

まず，圃場条件別，通作条件別に農地賦存面積を設定する．本論では，柏（2002）に従い，第三次土地利用基盤整備基本調査（1994）の組替え集計を行い，表6-1のように圃場条件別農地賦存状況を求めた．

たとえば，図6-2の模式図に示したように，山がちで，地域の面積に占める農地面積の比率が小さければ，多くの農地を集積するためには，より遠く

表6-1 圃場条件別の農地賦存状況[注)]

傾斜	平坦 (1/100未満)			緩傾斜 (1/100 - 1/20)			急傾斜 (1/20以上)		
区画規模	30a〜	20〜30a	〜20a	30a〜	20〜30a	〜20a	30a〜	20〜30a	〜20a
東北中間	**27%**	12%	**32%**	4%	4%	9%	1%	2%	9%
東北山間	10%	18%	**30%**	2%	6%	**20%**	0%	4%	11%
北陸中間	**20%**	7%	19%	6%	6%	14%	1%	3%	**23%**
北陸山間	**21%**	14%	5%	15%	6%	9%	1%	6%	**25%**
近畿中間	18%	18%	**27%**	6%	5%	13%	3%	3%	7%
近畿山間	10%	12%	**22%**	2%	13%	**23%**	0%	2%	15%
中国中間	6%	15%	17%	3%	16%	**24%**	0%	3%	16%
中国山間	2%	8%	13%	3%	17%	**30%**	1%	6%	**20%**
北陸平地	**36%**	15%	**37%**	4%	1%	3%	1%	1%	3%

注) 太字は20%以上．出所：農業センサス（1995），第三次土地利用基盤整備基本調査（1994）より組替え再集計．

図6-2 山が多いと遠くまで通作しないと集積できない（模式図）

まで通作する必要が出てくる．近隣での農地の流動化が進まなければ，なおさら遠くまで農地を求めなければならず，通作条件はさらに悪くなる．一方，地域の面積のうち，農地面積の占める比率が高ければ，当然，近距離に多くの農地を集積できる可能性は高まるだろう．

したがって，通作条件別の農地賦存面積については，農地面積と農地以外をも含む土地面積との比率から，求めることが可能である（図6-3）．

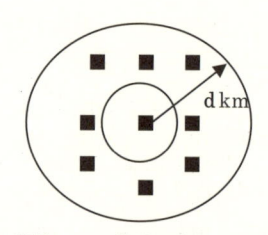

■：農地　p：農地面積/土地面積
半径 d km 圏内の農地：$A = p \cdot PI \cdot d^2$

図6-3 半径 d km 内に存在する農地面積（模式図）

いま，土地面積に占める農地面積の割合を p とすると，一定距離 d km 圏内に含まれる農地面積 A（km^2）は，次式で表せる（PI：円周率）．これにより，農業地域類型別に通作距離圏内の水田面積を算出した結果を図6-4に示した．

$$A = p \cdot PI \cdot d^2 \quad\cdots\cdots\cdots\cdots\cdots\cdots\cdots\cdots\cdots\cdots\cdots\cdots\cdots (5)$$

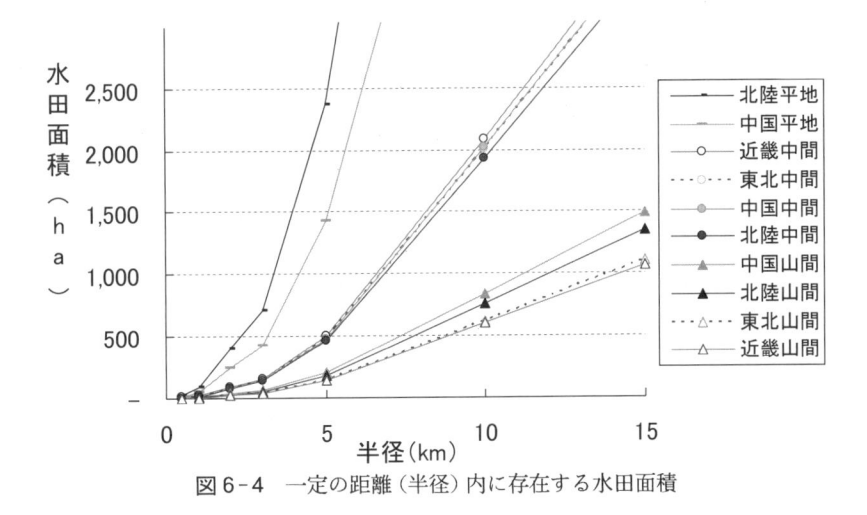

図6-4 一定の距離（半径）内に存在する水田面積

2) 利益係数および固定費

圃場の区画規模や通作距離は土地生産性には影響しないものと仮定し，利益係数については，米生産費調査の値（表6-2）を用いるものとする．

なお，固定費は経営当り241万円（2000年米生産費，都府県5 ha以上）として，π から差し引く．

3) 主要作業の労働技術係数

一方，労働生産性は，圃場の区画面積の差に大きく影響される．このため労働の技術係数については，圃場条件や通作条件を判断できない米生産費調査の値はふさわしくない．そこで，10 a～1.0 haの範囲内で，区画面積と有

表6-2 農業地域別の利益係数の設定[注1]

指標（円/10 a）	東北	北陸	近畿	中国
粗収益	130,349	141,525	133,034	124,756
変動費[注2]	24,091	26,237	29,203	28,344
利益係数	106,258	115,288	103,831	96,412

注：1) 米生産費調査（2000年産）より．利益係数＝粗収益－変動費．
　　2) 変動費は，種苗費，肥料費，農業薬剤費，光熱動力費，諸材料費の合計とした．

効作業効率との関係式を算出した既往研究[4]をもとに，区画面積に応じた圃場内作業時間を設定するものとする．

いま，有効作業効率（圃場内作業時間に占める，実作業の割合）を Ee (%) とすると，10a当り作業時間 w (hour/10a) は次式で表せる．

$$w = 1/(3600 \cdot b \cdot v \cdot Ee/100) \quad \cdots\cdots\cdots\cdots\cdots\cdots\cdots (6)$$

但し，b：耕幅 (m)，v：有効作業速度 (m/s) である．このとき，富樫 (2001) より

$$Ee_{(代掻き)} = 28.6 \cdot \log_{10} I + 18.7 \quad \cdots\cdots\cdots\cdots\cdots\cdots (7)$$
$$Ee_{(田植え)} = 17.7 \cdot \log_{10} I + 22.1 \quad \cdots\cdots\cdots\cdots\cdots\cdots (8)$$
$$Ee_{(刈取り)} = 23.9 \cdot \log_{10} I + 23.7 \quad \cdots\cdots\cdots\cdots\cdots\cdots (9)$$

但し，I：圃場の区画面積 (a) である．

以上から，区画面積規模ごとの，旋回および移動などを含む，圃場内作業時間は，表6-3のように設定できる．

近年の既往研究においても，区画規模などの差が作業効率に与える影響を分析した研究や，設定した作業効率をもとに経営分析を行っているものが見

表6-3　区画面積ごとの圃場内作業時間の設定[注]

作業種	耕幅 b (m)	速度 v (m/s)	区画面積 (a)	Ee (%)	圃場内作業時間 (hour/10a)
代かき	1.8	0.889	10	47	0.37
			20	56	0.31
			30	61	0.28
田植え	1.2 (4条)	0.556	10	40	1.05
			20	45	0.92
			30	48	0.86
刈取り	0.9 (3条)	0.722	10	48	0.90
			20	55	0.78
			30	59	0.72

注）式 (6)，(7)，(8)，(9) より算出．

II. 分析方法

表6-4 近年の研究における労働技術係数等の設定

文献	圃場条件など	技術係数 (hour/10 a)			元資料
		代かき	田植え	刈取り	
鶴岡 (2001)	10 a 30 a	0.45 0.40	0.59 (6条) 0.36 (6条)	0.45 (4条) 0.32 (5条)	タイムスタディ[注1]
竹山 (1999)	島根県 中山間地域	2.0	1.3 (4～6条)	3.7 (2～4条)	記帳データ[注2]
松岡 (1997)	10～14 a 14～25 a	－ －	0.74 (5条) 0.73 (5条)	0.71 (4条) 0.70 (4条)	普及センター資料[注3]
土田 (1994)	25 aⅠ 25 aⅢ	0.8 1.3	2.4 (5条) 2.7 (5条)	2.5 (4条) 2.6 (4条)	記帳データ[注4]
平泉 (1990)	10 a 30 a	－ －	－ －	0.7 (4条) 0.6 (4条)	タイムスタディ[注5]
〈参考〉	北陸5 ha～	2.3	2.9	2.4	生産費調査[注6]

注：1）圃場内作業時間．
2）集落営農法人4経営の平均値．収穫の時間には調整から出荷までを含む．
3）圃場外作業時間30％を含む．
4）Ⅰは自宅から100 m、Ⅲは1～3 kmの移動時間を含む．従事者3名．
5）平泉(1990)図9より判読．圃場の長短辺比は3：1．
6）米生産費調査(2000年産)．代かきは「耕起整地」、刈取りは「刈取脱穀」の値である．

られる（表6-4）．いま、表6-3において設定された値と、既往研究の値とを見比べると、タイムスタディをもとにした係数は本論の値に近く、記帳などをもとにした係数は生産費調査の値に近い．これは、記帳による値は、補助作業員や圃場外作業の労働時間を含んでいることによるものと考えられる．本論では、一連の作業が、限られた作業期間の間になされることや、圃場分散や区画規模の影響を明示的にモデルに組込む必要性がある．そのため、圃場外の移動時間と圃場内作業時間について、補助作業員を含む労働時間の合計ではなく、機械オペレーターの作業時間を設定している．表6-3の設定値は、タイムスタディによる既往研究の値にも近くなっており適正であると考えられる．

136　第6章　中山間地域における農地集積計画

4）草刈り作業の技術係数

中山間地域では，畦畔および法面面積が大きく，夏期の草刈り労働が負担になることが知られている（図6-5）．いま，図6-6の模式図に示したように，地区の傾斜が緩い場合には，法面の面積は小さくて済む．一方，地区の傾斜が急な場合には，法面の面積を大きくとらなければならず，その管理作業も増大する．したがって，草刈りを行わなければならない法面の面積と地区の傾斜度とは一定の関係によって表わすことができる．

このことについて，有田（1997）は，地区の傾斜度や区画面積と畦畔面積

図6-5　法面面積の大きな中山間地域の水田圃場

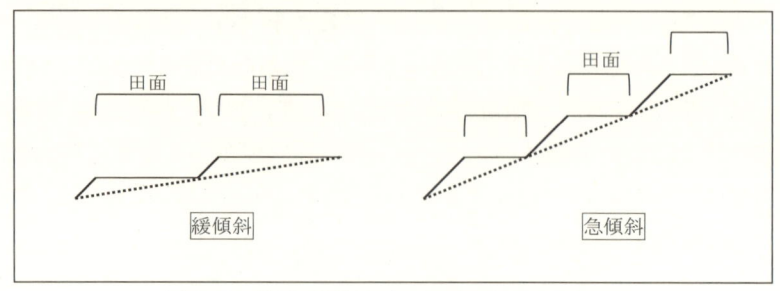

図6-6　地区の傾斜と法面面積の関係（模式図）

表6-5 草刈り作業の技術係数の設定[注)]

地区傾斜度	平坦1/100			緩傾斜1/40			急傾斜1/20		
区画面積	30 a	20 a	10 a	30 a	20 a	10 a	30 a	20 a	10 a
法面比率	0.04	0.04	0.05	0.07	0.08	0.08	0.12	0.13	0.13
草刈り面積 (a)	1.25	0.83	0.53	2.26	1.62	0.87	4.09	2.86	1.49
草刈り作業時間 (hour/10 a)	0.61	0.65	0.9	1.03	1.14	1.35	1.8	1.92	2.13

注) 長短辺比:1:3, 法面傾斜:1:1.2.
　　草刈り作業時間は, 0.42時間/a+圃場内移動5分〔木村(1994)(p.7)〕.

との関係を求める式を提示している．すなわち，草刈り対象面積 S (a) は，地区の主傾斜，区画規模，圃場の長短辺比，法面傾斜度の関数として表現可能であり，いま，長短辺比を3:1,法面傾斜度を1:1.2とすると[注1)]，傾斜，区画規模ごとの草刈り面積，および草刈り作業時間は表6-5のように設定できる．

3. 分析シナリオの設定

分析に際して，1回当りの作業時間の上限 t_s は，田植および刈取は6時間，草刈りについては労働強度を考慮し4時間とした．また，各期の労働時間の制約量 W_s は春期240時間，夏期240時間，秋期180時間とした．集積率 g は，集積が容易 (0.8)，半分程度 (0.5)，集積困難 (0.2) の3水準を設定した．移動速度は，直線距離であることを考慮して時速10 kmとした．

直接支払いについては，急傾斜圃場について21,000円/10 a，緩傾斜圃場について8,000円/10 aとし，それぞれ利益係数に上乗せするものとした[注2)]．直接支払いはその実施要件から見ても集落による農地保全策という意味合いが強いが，農地集積に際しては，集落の範囲を超えることも十分に起こりうる．そこで，支給の範囲を，1集落の範囲程度である片道の直線距離1.5 kmの範囲に限定する場合と，範囲の限定無く全域で実施される場合とを考察する．

Ⅲ. 分　析

1．分析結果

以上のモデルから各地域別の作付面積（図6-7）および農業所得（図6-8）を計算した結果を示した．

いずれの地域でも，労働賦存水準を同等としてあるため，求められた作付面積の差は，目下の生産基盤条件下における面積規模拡大のポテンシャルを

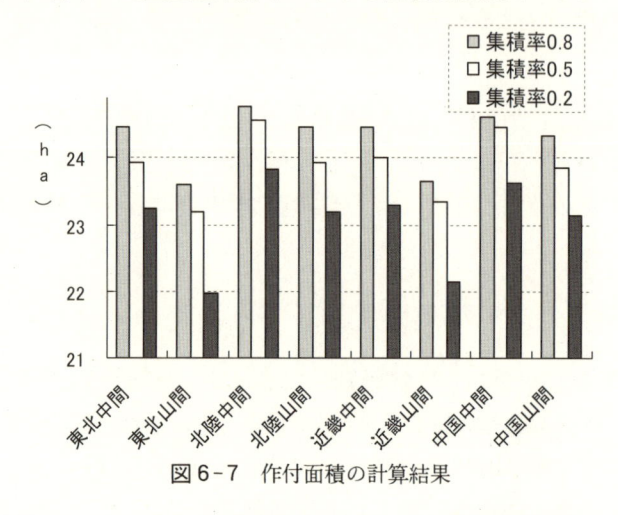

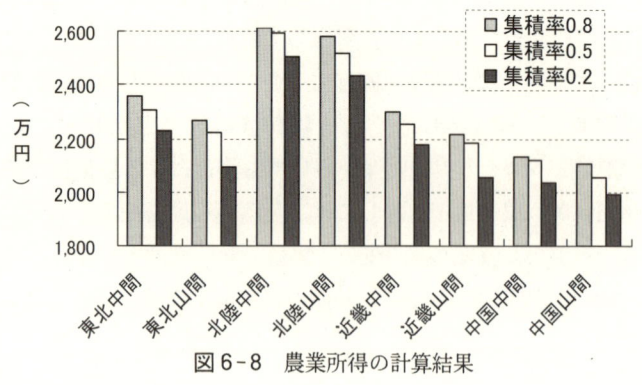

図6-7　作付面積の計算結果

図6-8　農業所得の計算結果

示しているといえる．最も面積が大きい順に，北陸中間，中国中間，近畿中間，北陸山間となっている．これらの地域に比べ，東北山間，近畿山間では1～1.5 ha 程度面積が小さくなっており，集積率が低い場合の影響もこの2地域で大きくなっている．また，集積率による影響が小さいのは，北陸中間，中国中間地域である．

農業所得でみると，北陸中間・山間，次いで東北中間，近畿中間となっており，最も高い北陸地域と最も低い中国地域の差は，およそ500万円となっている．

なお，労働時間では，春期が制約となっており，秋期の労働使用率は130/180に留まった．夏期および移動については次節で触れることにする．

2．直接支払制度の影響

次に，直接支払いによる影響を考察する．作付面積に与える影響（図6-9）では，支払い範囲を近隣に限定する場合，集積率の高いケースにおいて減少幅が大きく，特に中国地域の落ち込みが顕著である．

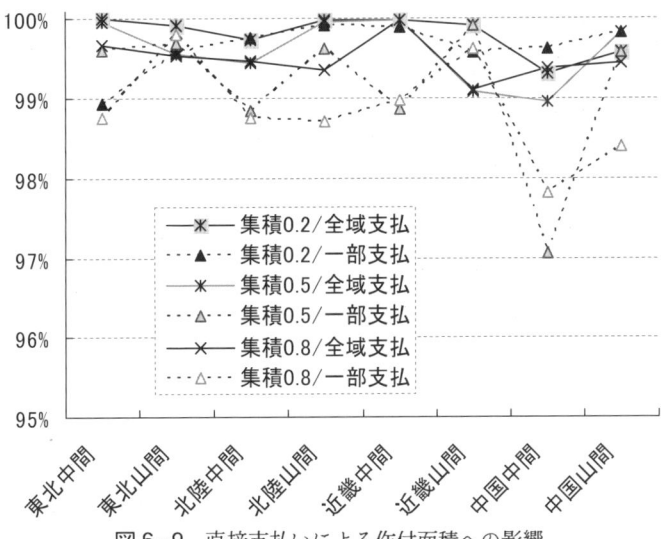

図6-9　直接支払いによる作付面積への影響

表6-6 傾斜地への直接支払いによる農業所得への効果の計算結果

	農業所得増加率（%）						地域間格差の改善率（%）注)					
	近隣に限定			補助全域			近隣に限定			補助全域		
集積率	0.8	0.5	0.2	0.8	0.5	0.2	0.8	0.5	0.2	0.8	0.5	0.2
東北中間	3.5	3.2	1.6	4.5	4.9	4.9	0.3	0.6	−0.0	0.5	0.9	0.7
東北山間	1.3	1.0	0.6	4.4	4.3	4.7	−1.6	−1.7	−0.7	0.5	−0.1	0.5
北陸中間	3.2	2.5	1.6	4.0	3.8	4.2						
北陸山間	3.1	3.0	1.4	3.8	4.5	4.5						
近畿中間	4.1	3.8	2.5	5.3	5.2	5.1	0.7	1.1	0.8	1.1	1.1	0.8
近畿山間	1.6	1.2	0.7	4.0	3.8	4.8	−1.3	−1.4	−0.6	0.2	−0.6	0.3
中国中間	3.2	2.2	1.9	4.9	4.3	4.7	−0.0	−0.2	0.0	0.7	0.4	0.4
中国山間	2.5	2.3	1.1	4.9	5.4	4.9	−0.5	−0.6	−0.2	0.9	0.7	0.3

注）北陸地域の中間，山間地域（集積率同等）を100％とした場合の農業所得額の比率の変化．
1.0％の格差はおよそ25万円に相当．網掛けは格差が拡大するケース．

農業所得への影響を見たものが，表6-6であるが，支払いが近隣に限定される場合，集積率が大きい時に所得増が見られるのに対し，限定されない場合には，集積率による差が見られない．また，地域間の格差では，支払いが近隣に限定されることにより，とくに山間地域において，格差が拡大する傾向が見られた．

夏期労働の使用率および移動時間の割合を示した表6-7からは，直接支払いの実施に伴い傾斜地での作付が選択され，夏期労働の残量がなくなる傾向が見られる．とくに，支払い範囲が制限されない場合，全ての地域で夏期労働が上限まで使用される．移動時間の割合は，集積率が低いケースでは2割弱に達する地域もある．

表6-7 傾斜地への直接支払いによる夏期労働(草刈り作業)への影響の計算結果

集積率	夏期労働使用率 (%) [注1]							夏期労働の内で圃場間移動の占める割合 (%) [注2]								
	補助無し			近隣に限定			補助全域	補助無し			近隣に限定			補助全域		
	0.8	0.5	0.2	0.8	0.5	0.2	0.8/0.5/0.2	0.8	0.5	0.2	0.8	0.5	0.2	0.8	0.5	0.2
東北中間		97	100	99	100	100	100	*(10)*	*(13)*	14	*(9)*	11	13	11	13	14
東北山間	88	90	90	82	91	87	100	*(15)*	*(13)*	*(21)*	*(13)*	*(13)*	*(20)*	14	14	19
北陸中間	84	84	84	100	100	99	100	*(9)*	*(10)*	*(14)*	8	9	13	10	11	13
北陸山間	83	90	100	100	97	100	100	*(10)*	*(13)*	14	9	*(11)*	13	11	13	14
近畿中間	100	97	100	100	100	100	100	10	*(12)*	14	9	11	13	10	12	14
近畿山間	80	81	80	90	83	84	100	*(15)*	*(14)*	*(19)*	*(13)*	*(14)*	*(18)*	13	15	17
中国中間	86	80	83	100	100	93	100	*(10)*	*(10)*	*(15)*	8	9	*(13)*	10	10	13
中国山間	81	93	90	98	89	87	100	*(11)*	*(14)*	*(13)*	*(9)*	*(11)*	*(13)*	11	13	14

注:1) 夏期労働制約量240時間に対する労働使用割合。網掛けは95%以上使用。
2) (斜体)は制約量に残量があるため参考値として示した。

3．圃場条件別の集積状況

　大規模経営にとって，いかなる条件の農地が集積の対象として選択されるのであろうか．すなわち，地域の農地賦存条件が異なる場合に，近隣の狭小の区画と，通作に不便な区画の大きな圃場とでは，どちらがどれだけ選択の対象になるのだろうか（図6-10模式図）．

　ここで全ての地域での計算結果を挙げることはしないが，東北地域を例として，表6-8，表6-9に結果を整理した．

　この結果によると，通作条件に関わらず10aの狭小区画は，直接支払いを加味しても，経営経済的にプラスであると判断されることが少ないが，通作条件の良い20a区画圃場は，直接支払いがあれば経済的に有利と判断されることがわかる．また，5kmよりも遠い30a区画よりは，5km以内の20a区

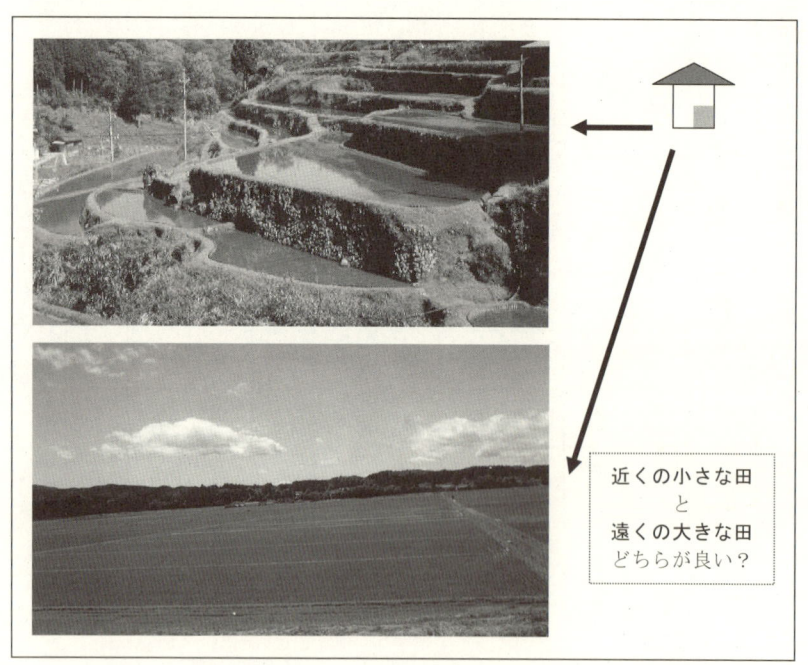

図6-10　大規模経営にとっての圃場条件別の集積条件（模式図）

Ⅲ. 分 析

表6-8 集積可能な農地のうち作付対象とする農地の割合（東北中間地域）

区画	通作距離 (片道 km)	東北中間地域							
		集積率 0.8			集積率 0.5			集積率 0.2		
		補助 無し	近隣 限定	補助 全域	補助 無し	近隣 限定	補助 全域	補助 無し	近隣 限定	補助 全域
10 a	1.0以内	×	×	×	×	×	×	×	0.38	×
	1.0 − 1.5	×	×	×	×	×	×	×	×	×
20 a	0.5以内	×	0.47	0.25	×	0.47	○	○	○	○
	0.5 − 1.0	×	0.47	×	×	0.47	0.25	○	○	○
	1.0 − 1.5	×	0.25	×	×	0.47	×	○	○	○
	1.5 − 5.0	×	×	×	×	×	×	0.38	0.06	0.38
	5.0 − 15.0	×	×	×	×	×	×	×	×	×
30 a	1.5以内	○	○	○	○	○	○	○	○	○
	1.5 − 5.0	○	0.68	0.88	○	○	○	○	○	○
	5.0 − 15.0	×	×	×	×	×	×	×	×	×

凡例 ×：作付対象としない．
　　 ○：残量無く全て作付対象とする．

表6-9 集積可能な農地のうち作付対象とする農地の割合（東北山間地域）

区画	通作距離 (片道 km)	東北山間地域							
		集積率 0.8			集積率 0.5			集積率 0.2		
		補助 無し	近隣 限定	補助 全域	補助 無し	近隣 限定	補助 全域	補助 無し	近隣 限定	補助 全域
10 a	1.0以内	×	×	×	×	0.17	×	×	0.17	×
	1.0 − 1.5	×	×	×	×	×	×	×	0.17	×
20 a	0.5以内	×	0.29	0.29	○	○	○	○	○	○
	0.5 − 1.0	×	0.29	0.29	○	○	○	○	○	○
	1.0 − 1.5	×	0.29	0.29	○	○	0.61	○	○	○
	1.5 − 5.0	×	×	0.07	0.33	0.26	0.29	○	○	○
	5.0 − 15.0	×	×	×	×	×	×	×	×	×
30 a	1.5以内	○	○	○	○	○	○	○	○	○
	1.5 − 5.0	○	○	○	○	○	○	○	○	○
	5.0 − 15.0	×	×	×	×	×	0.60	0.56	0.26

凡例 ×：作付対象としない．
　　 ○：残量無く全て作付対象とする．

画が選好されることがわかる．集積率が0.5程度であれば，中間地域では，30 a 区画の圃場が選択されるが，山間地域では，20 a 区画の圃場まで作付の対象となることが予想される．

IV. 結　語

本章では，農業地域別の規範モデルにより，直接支払いを考慮した上で，大規模水田経営の成立可能性を考察した．

その結果を要約すると以下のようになる．① 現状の技術水準において，中山間地域で20 ha 規模の水田経営が成立する生産基盤上のポテンシャルが十分にある．② 地域間の潜在的な所得差はおよそ500万円程度ある．③ 直接支払いが，集落範囲に限定されることによる所得へのインパクト差がある．④ 直接支払いの実施により，傾斜地での作付が選好され，草刈りなどの夏期労働の上限までの使用が見られる．⑤ 直接支払いを考慮しても，10 a の狭小区画での耕作より，遠方の30 a 区画をできるだけたくさん集積する方が効率的である．

本論では，地域別の集計データを用いたことにより，詳細な地域の個性を反映できなかった．とくに，通作距離については，直線距離が同じであっても，山岳の険しさの程度により迂回をする程度が異なるはずであり，到達できる時間に差が生じる可能性が高い．また，気象条件差による作業可能期間の差を織り込むことによる改善も考えられる．今後は，具体的な地域を設定し，集落別のデータを用いた地区分級モデル[注3]として，本論と同様の分析を行い，市町村レベルでの考察を行っていく必要があるだろう．

注1)　長短辺比は30 a の標準区画に倣った．法面傾斜度は，有田（1997）において，1 : 1, 1 : 1.2, 1 : 1.5の3水準で算出されている．設計基準などから勘案して，地区の傾斜度が1/20，長短辺比3 : 1の場合，法面傾斜度は1 : 1.2程度となると考えられる〔有田（1994）(p. 21)〕．また，地区の傾斜度が小さい場合には，法面面積自体が小さいため，法面傾斜度による顕著な差は生じない．こうした理由から，本論では，法面傾斜度は1 : 1.2の一水準とした．

IV. 結 語　145

注2)　現行の直接支払制度では，農林水産省農村振興局長通知「中山間地域等直接支払交付金実施要領の運用」(p.6)により，交付額の概ね1/2以上を集落の共同取組活動に充てるものとされている他，1戸当りの支給額の上限は100万円とされている．本論では，大規模経営の経済的な成立ポテンシャルを吟味することを目的としていることから，10a当りの交付金が，上限無く，全て農業所得に加算されるものとして推計している．

注3)　本論のモデルを，具体的な市町村にあてはめる地区分級モデルとするには，d を通作距離帯別に分割するのではなく，地区ごとに分割し，想定される担い手からの各地区への移動時間や各地区の土地生産性，各地区の圃場条件別面積をデータとして設定すればよい．

第7章　今後の課題と展望

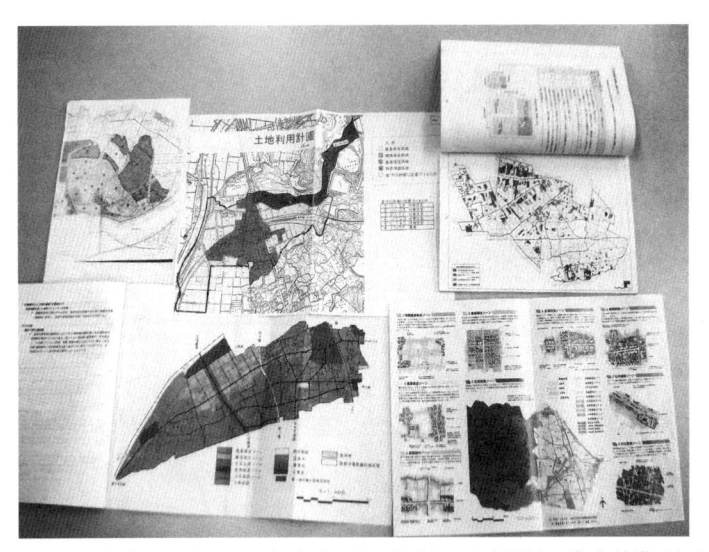

写真：種々の土地利用計画図．都市計画図（左上），生産緑地の指定基準（右上），土地利用調整条例（中上，右下，左下）．

第7章 今後の課題と展望

I. 本書の要約

1. 本書の到達点

本章では，本書全体のまとめとして，本論における到達点を要約し，今後求められるべき研究の展望を示すものとする．

第1章では，本論で採用されるべき方法論を提示するために，既往研究の整理を行った．土地利用計画それ自体を意識していなくとも，参考とすべき既往研究は多い．そこで，実態分析を通じた経済的土地分級論，点数づけによる分級基準を定量的に算出するための土地分級論，実証分析による土地利用モデル，地域農業計画論を中心とした規範分析による土地利用配分の導出といった研究方法論の整理を行った．その上で本論では，与件の操作性や，結果の再現性という観点から，線形計画法をはじめとする，規範分析を中心とした方法論を展開するものとした．とりわけ，本論では，土地単位内の土地生産性，労働生産性はもとより，土地単位間に生じる集積の利益，外部不経済を分析の対象と含めることを重視するものとし，既往の蓄積の特長から学びつつ，都市地域，平坦地域，中山間地域のそれぞれにおいて，地域条件に即した方法論の適用をするものとした．

第2章では，生産緑地を対象として，区画単位の農地の壊廃が地域農業所得に与える影響を考察することにより，農業生産面から見た保全優先順位の提示を試みた．都市部の農地では，住宅地に隣接する農地での日照被害をはじめとして，都市的土地利用から被る外部不経済の抑制がゾーニング上の大きな課題となる．また，近年広範に見られる，地域住民への直売を販路の中心とした営農類型についても分析に含める必要がある．そこで，東京都K市を事例として，整数計画法を用いて，隣接する都市的土地利用から被る外部不経済や移動効率を加味したモデルを構築し，区画の狭小性や，圃場分散，宅地との隣接がどれだけ地域の農業所得に影響を与えるかを検討した．

第3章では，都市近郊における，農業的土地利用と非農業土地利用との間の外部不経済について，その把握と発生予測を行った．茨城県Y市におい

て，まず，農家アンケートおよび地域住民アンケート，さらに農業経営調査を通じて，農地が，住宅地や耕作放棄地と隣接している場合に，それぞれいかなる問題が生じるかを定性的に把握した．その上で，ロジスティックモデルにより，どの程度の耕作放棄地率，ないし農−住混在の進行により，外部不経済の受け手側が，顕著にそれを感じるようになるかを推計した．その結果，想定していた多くの項目について，土地利用の混在の進行が，外部不経済の増大に結びつくことが確認された．また，農業経営の規模や地域住民の属性差と，外部不経済への敏感さとの関係について示すことが出来た．

第4章では，水田土地利用が卓越する都市近郊平坦地における水田利用計画の提示を試みた．埼玉県北部の4土地改良区を対象に，まず，アンケート調査により都市化による水稲収量の減収や作業効率の低下状況を把握した．その上で，整数計画法を適用して，水利施設の維持管理費用を考慮した地区分級モデルを構築し，地域の農業所得を最大化する地区別の土地利用配置を導出した．その結果，水利施設の短期的，長期的な維持管理費用負担がもたらす地域農業所得への影響を示すとともに，地域の土地利用決定の際に，水利施設の維持管理を考慮に入れることの経済的意義を提示することができた．すなわち，地区個別の水田生産性のみを考慮した土地利用決定を行うケースでは，地域の水田面積が減少すると，地区間に渡って存在する水利施設の維持管理負担が過大となり，農業所得の確保が困難となるのに対し，水利施設の長期的維持管理を視野に入れた土地利用決定を行うケースでは，水田利用転換と水利施設利用転換との意思決定を連携させることにより，長期的に見てより効率的な水田利用が可能となることが示された．

第5章では，中山間地域における圃場区画単位の農地保全計画の提示を試みた．島根県O市の山間部の集落を対象として選定し，まず，調査票の留置きによる収量調査により区画単位の土地生産性を推計し，タイムスタディを通じて区画単位の労働生産性を推計した．その上で，団地単位の移動時間や水利施設の維持管理コスト，耕作放棄による外部不経済の影響を加味した整数計画モデルを構築し，集落の農業所得を最大化する土地利用計画図を導出した．その結果，区画個別の土地生産性だけを考慮すると，モザイク状の計

画案となってしまうのに対し，本論の土地分級結果では，よりまとまった農地を残す方針が提示された．また，比較的優良な農地が所有者の個別の事由により耕作放棄された場合の影響や，生産性の低い棚田を保全した場合の集落農業所得への影響についても示すことができた．

第6章では，農業地域別の統計データを用いて，圃場条件，通作条件の差が，中山間地域の大規模水田経営の所得に与える影響について分析した．その結果，中山間地域における20 haクラスの水田経営の成立ポテンシャルを示すことができた．現行水準の直接支払いの実施は，近隣の10 a程度の狭小区画を経済的に選好させるだけのインセンティブはもたらさないが，傾斜地での作付を触発し，夏期の草刈り労働の上限までの使用をもたらす結果が予想された．以上の試みは，集落別データを用いて，具体的な市町村を対象とした地区分級モデルを実施する可能性についても道を開くものである．

金沢(1973)を中心とする「経済的土地分級」の日本農業への適用においては，土地と経営とを一体的に捉えることにより，土地の性質差が，農業における将来の経済的成果にいかに結びつくかを実証的に示すことを企図していた．しかしながら，その方法論は，必ずしも十分に体系化されてはおらず，土地分級における重要な手順が，ケースバイケースの調査者の判断に委ねられていた．その後，和田(1980b)をはじめとする，土地分級論の展開においては，経済的指標を内包した非貨幣指標による土地分級論は開発が進展したものの，むしろ経済的土地分級論それ自体は展開が遅れていた．一方，規範モデルによる地域農業計画論の展開においても，当初，経済的土地分級論との連携が強く意識されていたにも関わらず，個別の土地について，方向性を示した研究には至っていなかった．以上のような困難性の背景には，分散錯圃制により，土地単位と経営単位とが一致しないという，欧米の農場制とは異なった農業の実態が存在する．こうした国際的な差異は，八木(2000)が指摘するように，日本の農業経営が，厳しい生産基盤条件下で国際競争に直面する中で，依然として大きな課題となっている．

これに対し，本論では，土地単位内において，個別の土地属性を，各地域の条件に照らし合わせて選定した上で，土地と土地との間に生じる外部不経

済，移動効率，共同利用施設，団地性といった土地の空間的配置の影響を規範モデルに組み込み，期待農業所得を基準として，具体的な土地利用の方向性を提示する方法論を提案した．とりわけ，個別の土地属性や社会経済条件の設定においては，市町村や集落レベルでの地域問題に対応可能な操作性を確保しており，地域主体の労働投入水準や，地域の農業政策の変化，および地域の農産物ないし生産要素価格変化などの影響を十分に取り込むことが可能である．また，とくに，農地と異種土地利用との間に生じる外部不経済については，これまで，土地の空間的配置との関係性が十分に実証されていなかったことから，その把握についても行っている．

このことにより，本論では，土地単位と経営単位との不一致という条件下で，個別の土地の性質がもつ，将来の農業経済的成果への影響を，土地分級結果として導き出す方法を，具体的な地域における適用方法として示すことができたといえる．経済的土地分級論が，本来目標としていたことを，地域農業計画論で展開してきた規範的分析方法からの再接近により，達成しえたと言えるのではないだろうか．

2．土地利用計画論としての体系化

以下では，本論で構築した方法論の手続きについて，土地利用計画論としての体系化を試みる．図7-1に，和田（1980）による，土地分級手法の手順の体系を示した．図中の点線で示した部分が，主として農業生産性の把握に関わる部分であり，本書と重なる部分である．これによると，まず，専門家の意見などを参考にして選択された指標をもとに，主成分分析などの方法により農業所得水準分級図が導出され，土壌条件，農業所得の安定性，および地域住民の意見を考慮して農業土地利用適性が判定される．地域住民の意見と農業所得分級図の結果が大きく食い違う場合には，指標の選択に立ち戻って再検討するというフィードバックの繰り返しを行なう．さらに，その農業土地利用適性の判定結果を，都市的土地利用適性との間で調整し，土地利用計画案が導出されるという手続きとなっている．また，辻（1994）では，都市的土地利用適性に加え，自然環境保全優先度についても土地利用調整すべ

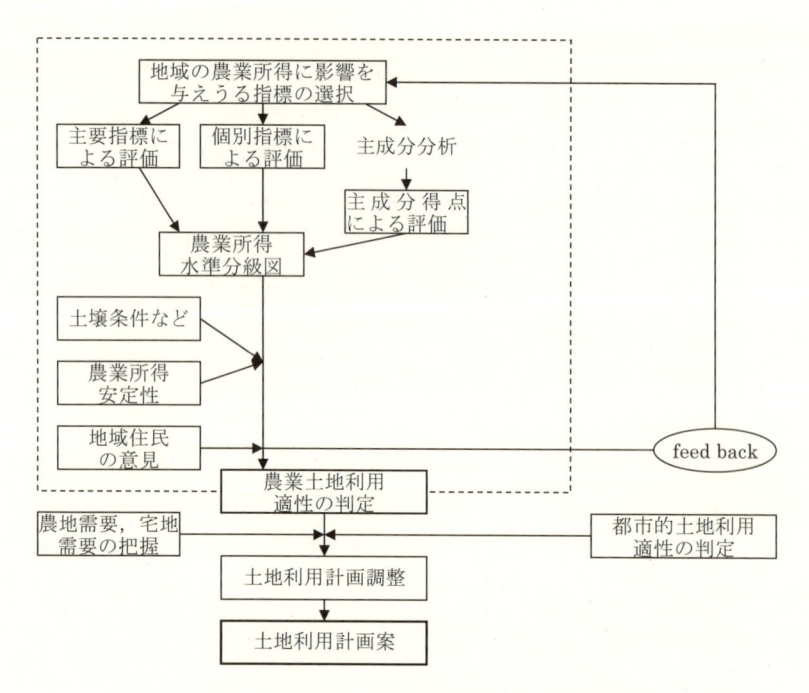

図7-1 和田 (1980 b) による土地利用計画策定手順の体系化
注) 和田 (1980 b) p.132, p.178をもとに簡略化して整理.

き対象として加えている．ただし，本書の第1章で述べたように，その調整方法は，オーバーレイ法に基づいており，必ずしも明確な判断基準を提示できるものではなかったといえる．このため，調整すべき観点が増えるほど，判断は一層難しくなってしまう．

　以上を参考に，本書における分析の手続きを土地利用計画の方法論の手順として示したものが図7-2である．まず，地域の課題に即して，農業の生産性に関わる要因が把握されなければならない．都市地域ではスプロール問題，中山間地域では耕作放棄および農地の荒廃問題，また，平坦地域では水田の土地利用転換問題を取り上げ，それぞれにおいて，農業所得に影響を与える要因を選択してきた通りである．こうして選択された要因をもとに，規範モデルが構築され，利益係数，技術係数および制約量といった必要なデー

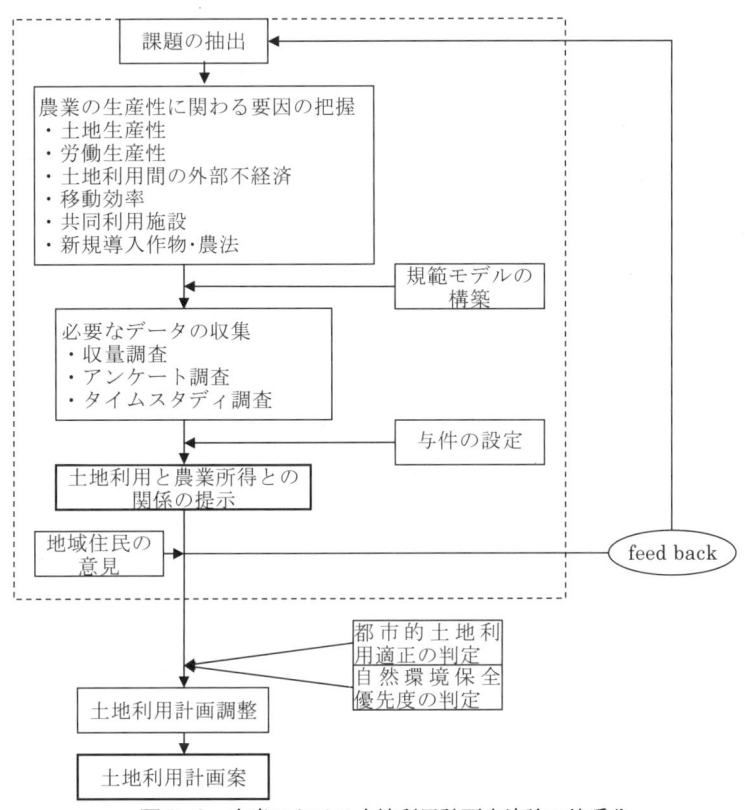

図 7-2　本書における土地利用計画方法論の体系化

タを設定することにより計算の準備が整う．その上で，価格条件，労働賦存条件，地域の政策といった与件を変化させ，土地利用と農業所得との対応関係を示すことができる．この結果を地域住民に対して土地利用の判断材料として提示する．このフィードバックの過程を通じて，モデルの吟味と，収集データの精度向上を図ることも可能となる．さらに，都市的土地利用適性や自然環境保全優先度との土地利用調整を行なうというプロセスを行なうことになるが，農地利用適性について，土地利用と農業所得との関係として提示されているため，既往の方法論に比べ，より客観的な判断が可能となると考えられる．たとえば，第5章においても触れたように，環境保全と経済性と

のトレードオフの関係を的確に判断することができる．あるいは，都市部ないし都市近郊の農地における，緑地的機能と経済性との関係についても同様に判断ができるだろう．

II. 近年の注目すべき動向
　　　－土地利用との関係から－

　続いて，以下では，前章までの文脈からは十分に触れられなかった，近年の注目すべき動向を，主として土地利用との関連からいくつか紹介したい．これらは，筆者が本論の研究を実施する過程で直面した事例であり，あるいは，本論の分析の中では直接取扱わないが，一貫した問題意識から調査した事例である．本論のまとめとして今後の研究展望を示すに当って，特徴ある事例に触れることにより，何らかの糸口をつかめればと思う．

1．地域住民参加型の農地保全

　都市農業は農業的土地利用のフロンティアにある．そこでは，常に，農業生産が都市化の波にさらされるとともに，多数の消費者の目前で，独自の先進的な取り組みがなされている．本論第2章で紹介したのは，多品目の野菜の庭先直売を行い，地域住民との関わりを持ちつつ収益を上げている経営類型であった．さらに，近年では，地域住民が直接に農作業に関与して，農地保全へと繋げようとする動きが広まりつつある．

　表7-1は，第2章で扱ったK市における市民参加型の土地利用の概要を整理したものである．1990年代前半の市民農園関連法の整備により，市民農園を通じた農業への市民参加への道は開けたが，利用者による管理放棄や作目の混乱，農業技術の継承の困難性，土地所有者への優遇税制の根拠が弱いといった原因から，長期的な農地保全としての効果には限界が見られた．市民1人当りで管理できる面積も限られており，10aの保全に50人の参加が必要となる[注1]．また，利用者が増加するほど，市職員の対応時間が増加するというデメリットがある．

II. 近年の注目すべき動向 − 土地利用との関係から −

表7-1 東京都K市における市民参加型の農地利用[注1]

	援農ボランティア	体験農園	市民農園
普及状況	野菜経営，花卉経営23戸315名（1992年以来）が登録	2カ所68区画．約60名が参加．	6カ所506区画
参加方法	①登録ボランティア 1月の市報で募集．養成講座へ入学．4月から週3回，9カ月の体験・講習を経て認定援農ボランティアになる． ②自主的ボランティア 知合いの農家宅でボランティアを行う．	1月の市報に紹介され，申込みは農園主が直接受け付け．月3〜4回程度（主に水曜か土曜）の作業講習会に参加し，あとは，自主的に管理作業に参加する．	1月中旬以降に市役所，公民館，地域センターなどで申込み．3月初旬に公開抽選．倍率はおよそ2.5倍．4月から22カ月間使用可能．
市民側の参加経費	養成講座の受講に5,000円/年．援農ボランティアは原則無償．道具は原則農家が用意．	利用料12,000円＋農産物代金20,000円の合計32,000円/年．1区画30 m^2．簡易な道具などは利用者負担．	月額400円（16 m^2），もしくは500円（20 m^2）．水道代は市負担．
収穫物の処分権	農業経営側の生産物として販売される．農家の好意で一部を手土産として譲渡．	利用者は20,000円で収穫物を買取る．	収穫物は全て，市民農園利用者に帰属．
農地保全	生産緑地制度とは無関係，農業経営としての経済的成立を助けることにより，間接的に保全．経営によっては，ボランティア導入により耕地利用率が拡大[注2]．	生産緑地であること，5年以上体験農園として継続されることが指定の要件．	市所有地でなければ，相続税は通常課税．固定資産税は免除．所有農家に相続などの事情が発生し，継続不可の事例あり．
財政負担	運営事務経費50万円程度を市が負担．	農園主に対し，立ち上げ時の初期投資（上限200万円），当初3年間の運営費年間30万円を補助．	水道代，電気代，トイレの管理費25万円程度を市が負担．クレーム対応に市職員の労力大（年間約100日）．

注：1) データは2004年8月時点．
2) 詳しくは八木（2003）参照．

K市においては1994年より，援農ボランティア派遣の取り組みが実施され，現在のところおよそ100名（2004年）が実動している．受入農家では，ボランティアの導入に合わせて，作付方法を転換することにより，ボランティア1人当り24aの作付面積拡大が見られるなど，農地保全の効果も期待で

きる〔八木(2003)〕．また，近年では，経営者により綿密に計画，管理された農園において，年間を通じて農作業体験を行い，高収益を上げる「体験農園」型の経営も見られる．

2．新たな土地利用形態の模索

1）直売による農地利用

本書第2章で取り上げた，ダイレクト・マーケティングに対応した多品目野菜栽培は，既存統計では把握が難しい分野である．すなわち，系統出荷の形態をとらないことが多いため，流通統計からの把握が難しいのみならず，多品目を少量ずつ作付けるために，生産費，労働時間などの経営データも既存の単一生産のものとは異なる可能性が大きい．

その土地利用に与える影響はどれくらいのものであろうか．東京都区部への直売店舗の出店戦略で有名な，群馬県K農協担当者の聞き取り（2002年3月）では，養蚕の衰退を契機として最大時で1,200 haの耕作放棄地が発生していたが，直売の導入により500 haが農地に復帰したという．この場合でも，農家は少量多品目栽培により対応しているケースが最も多い．

市場を身近な地域住民に求める場合，需要をいかに把握するかが大きなポイントとなる．とくに，第2章のK市のケースのように，近隣の地域住民を主要な販売先としている場合，地域内の直売経営間において価格競争が生じ，価格を与件としたモデルでは最適な土地利用を導出できないおそれがある．八木（2004）では，トラベルコスト法により，直売農産物の需要量と地区別人口との関係を導出しているが，本論中では，それを盛り込んだモデルには至っていない．多次元の数理計画法を構築することにより，需要曲線を与件とした規範モデルは構築可能となろう．

2）地域環境保全のための土地利用

地域環境の保全に対して，農業がどのように貢献できるかという点は，今後益々重要な課題となろう．その一つの試みとして，冬期の水田に湛水を行い，農薬の低減や渡り鳥のねぐらを確保しようとする農法が注目されている〔嶺田（2004）〕．本書の第4章では，水利施設の維持管理を考慮した地区分級

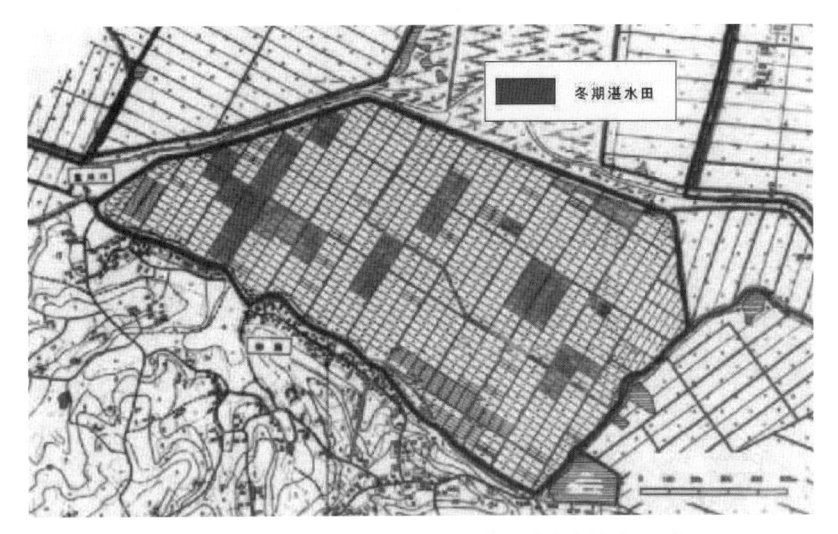

II. 近年の注目すべき動向 – 土地利用との関係から –　　157

図7-3　宮城県T町K地区における冬期湛水実施地区の概況

モデルを提示したが，冬期湛水の実施には，水利施設の配置が影響してくる．図7-3は宮城県T町K地区における冬期湛水の実施状況(2003-2004年)である．水利上の効率性や隣接する非湛水農地への漏水の観点からすると，冬期湛水田はまとまって配置されていた方が望ましいと考えられる．同地区では，冬期湛水に取り組むに当って，関係者の努力により，相当程度まで，冬期湛水田を隣接させて配置することができたが，依然として分散している状況がうかがえる．地区で作付される作目や，土壌条件，冬期湛水田の得失などの考察を行った上で，本論で提示した圃場区画レベルでの分級手法を適用することにより，冬期湛水計画の策定にも貢献できる可能性があろう〔八木(2005)〕．

3. 農地保全の政策的実現手段

近年，既存の法制度での対応が難しい個別の土地利用転換に対して，市町村レベルで土地利用調整条例を設けて詳細なゾーニングを実施する取り組みが注目されている．表7-2には，筆者が調査した3事例について，条例での

表7-2 土地利用調整条例によるゾーニングの比較

兵庫県K市（1996年制定），長野県H町（1999年制定），長野県M村（2001年制定）

① 居住用土地利用

	農村用途 区域名	農業 保全	集落 居住	環境 保全	特定 用途A	特定 用途B			
兵庫県K市	農家・分家住宅	●注1)	○	●注1)	●注1)	×			

	ゾーン名	田園景 観保全	農業 保全	農業 観光	集落 居住	生活 交流	産業 創造	公共 施設	文化 保護	自然 保護
長野県H町	農家・分家住宅	△	○	○	○	○	△	×	△	×
	一般建売住宅	×	△	×	○	×	×	×	△	×
	一般戸建住宅	×	△	×	○	○	×	×	×	×
	アパート	×	×	×	△	○	×	×	×	×

	ゾーン名	田園景 観保全	農業 保全	農業 交流	生活 居住	生活 基幹	産業 創造	森林 保養	自然 保護
長野県M村	農家・分家住宅	○	○	○	○	○	×	×	×
	一般住宅	△	△	△	○	△	×	×	×
	アパート	×	×	×	○	×	×	×	×

② 農業用土地利用

	農村用途 区域名	農業 保全	集落 居住	環境 保全	特定 用途A	特定 用途B			
兵庫県K市	温室・育苗施設	○	●注1)	●注1)	●注1)	×			
	農機具収納庫等	●注1)	○	●注1)	●注1)	×			
	畜舎	○	×	●注1,2)	●注1)	×			
	家畜診療施設	×	○	●注1,2)	●注1)	×			
	農作物加工施設 注3)	×	×	●注1,2)	○	×			

	ゾーン名	田園景 観保全	農業 保全	農業 観光	集落 居住	生活 交流	産業 創造	公共 施設	文化 保護	自然 保護
長野県H町	農業用倉庫	△	○	△	×	△	×	×	△	×
	農業出荷施設	△	○	△	×	△	×	×	×	×
	農業生産加工施設	△	○	△	×	△	×	×	△	×
	畜舎	△	○	△	×	×	×	×	×	×
	市民農園	○	○	○	○	×	×	○	○	×

	ゾーン名	田園景 観保全	農業 保全	農業 交流	生活 居住	生活 基幹	産業 創造	森林 保養	自然 保護
長野県M村	農業生産施設	○	○	○	△	△	×	×	×
	畜舎	△	△	△	×	×	×	×	×
	市民農園	○	○	○	○	×	×	△	×

表7-2 つづき

③商業用土地利用

兵庫県K市	農村用途区域名	農業保全	集落居住	環境保全	特定用途A	特定用途B
	日常生活関連施設[注3]	●[注2,5]	○	●[注2]	○	×
	ドライブイン・GS[注3]	●[注4,5]	○	●[注4,5]	○	×
	トラックターミナル	×	×	×	×	●[注5]

長野H町	ゾーン名	田園景観保全	農業保全	農業観光	集落居住	生活交流	産業創造	公共施設	文化保護	自然保護
	コンビニエンスストア	×	×	×	△	○	×	×	×	×
	総合日用品店舗・GS	×	×	×	×	○	△	×	×	×
	レストランなど	×	△	△	△	○	△	×	△	×
	風俗営業施設	×	×	×	×	×	×	×	×	×
	事業所・事務所	×	△	×	△	○	○	×	×	×
	自動車販売・トラックターミナル	×	×	×	×	○	○	×	×	×

長野M村	ゾーン名	田園景観保全	農業保全	農業交流	生活居住	生活基幹	産業創造	森林保養	自然保護
	コンビニエンスストア	×	×	△	○	○	△	×	×
	総合日用品店舗	×	×	×	△	○	×	×	×
	レストラン・小売店など	△	△	△	○	○	△	×	×
	風俗営業施設	×	×	×	×	×	×	×	×
	事業所・事務所	△	△	△	○	○	○	×	×

凡例)○:立地可能,●:条件付き立地可能,△:地区および行政の同意が必要.
×:立地不可能.
注1)当該土地が農地である場合,当該用途区域内に農地以外の代替えの土地がない場合.
2)地区の承認が必要.
3)都市計画法開発許可が必要.
4)地区の詳細計画に立地場所を明記する必要.
5)植栽の設置により修景する必要.

ゾーニングにおけるゾーン区分方法および立地制限について土地利用の種別ごとに項目を分けて整理した.「農業保全」ゾーンなどの農業系のゾーンにおいては,住宅や商業用土地利用の立地規制を行うとともに,農業用施設の立地を誘導している.また,畜舎をはじめ,農業用の施設は,「集落居住」ゾーンなどの住宅地系のゾーンには立地しないように設計される傾向にある.その理論的背景として,道路,水道などの社会資本の効率的供給や産業の効率性も重要であるが,農地と住宅地のように,異なる土地利用間に生じ

る外部不経済の低減も大きな目的となっている．本書では，第3章をはじめとして，外部不経済を明示的に扱った分析を行っているが，詳細なゾーニングによる効果の予測や評価にこうした分析方法が活かされることが期待される．

4．IT技術を活用した農地保全

もう一つの注目すべき動向は，IT技術の農地保全への活用である．GISによる農地情報の蓄積はすでに広範に普及しつつあるが，さらに，インターネットを利用してGISへの住民によるアクセスを可能とさせるようなしくみも開発されつつある〔藤山（2003）〕．また，リモートセンシングによる土地利用情報は，近年飛躍的に高精度化，低価格化しており，水田水管理の把

注）ドットは移動経路を示す．

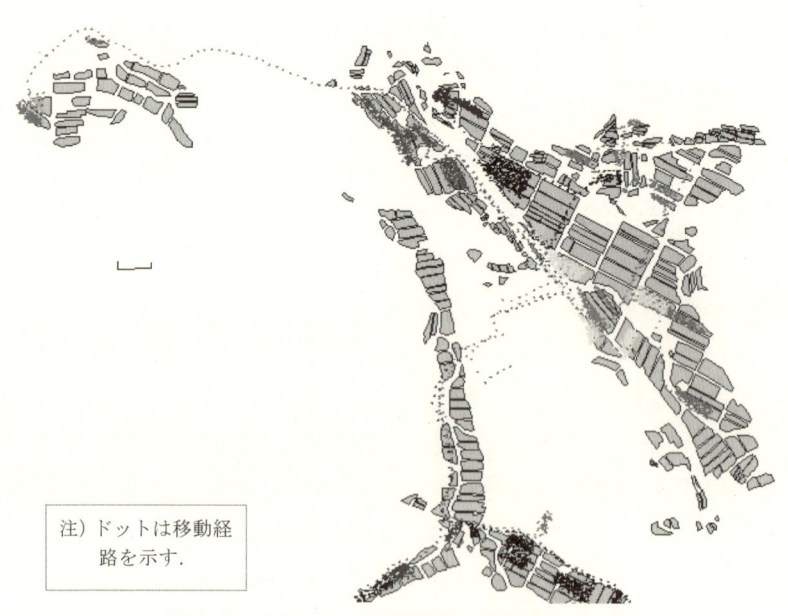

図7-4　GPSによる作業機械の移動経路の把握例
　　　（広島県M市，2004年春作業）

握などにも応用がなされつつある〔小川（2003）〕．多くのIT関連技術が，開発の段階から，応用，普及の段階へと移ってきていると言えよう．

GPSによる農作業などの管理も今後の普及が期待できる分野である．たとえば図7-4は，広島県M市の集落営農における春期の機械作業（2004年）について，機械の移動経路をGPSにより把握したものである．小型のGPSを一定期間，作業機に搭載するだけで済むため，従来のように作業時間，作業順序の記帳に労力をかける必要がない．本書の第5章では，中山間地域における機械の移動効率を分級モデルにおいて考慮しているが，こうしたモデルにおいても，データ収集者や作業者の負担を最小限におさえることが重要であろう．また，現実の作業時間データを蓄積することにより，精度を向上させ，判断材料としての意義を高めることが期待される．

III. 今後の課題

最後に，以下では，本書を通じての今後の課題について順次整理し，全体のまとめとしたい．

1. 規範分析として備えるべき要件

本論では，数理計画法を中心とした規範モデルによる分析を行った．規範モデル自体が持つ問題点については，第1章で指摘したとおり，その検証の困難性にある．しかしながら，限界を承知した上で，適切に利用すれば強力な分析ツールとなりうる．

さらなる研究展開の必要性を挙げるとすれば，ひとつには，多様な主体の考慮の必要性が指摘できる．現実に存在する全ての個々人の行動をモデルに織り込むことは困難であるが，少なくとも複数の異なる主体属性の考慮は必要となろう．また，土地利用についても，農村に存在する多様な土地利用種を考慮に入れていくことが必要となろう．

本論では，与件として，価格をあらかじめ設定したモデル構築を中心としているが，生産量に応じて，価格低下が予想される場合には，需要曲線を導出して，二次計画法を適用する必要性も生じうる．

さらに，農業所得の安定性という側面からの分析についても今後の課題となる．南石(1991)では，確率的計画法を用いて，農業経営が直面する広範なリスク問題を考慮した地域農業計画の策定方法を提示しているが，こうした蓄積を十分に適用していく必要がある．

また，土地単位の団地性については，対象とする土地単位の数が増せば，組合せが無数に生じる可能性がある．たとえば，一回の移動で作業を行う圃場の組合せによる作業単位の設定問題などがこれに該当する．こうした問題については，数理計画法以外のアルゴリズムによる接近なども必要となろう．

2．実証研究との連携

一般に，規範的な分析方法においては，前提となる諸係数，諸関係に基づいて，演繹的な推論を行ない，しかるべき将来像を提示する．規範的分析である以上，前提条件を設定し，結果を推論し，そして最終的に，推論された結果と観察された事実との比較を行なうという仮説演繹法的プロセスを採ることは難しいが，規範モデルで導出された最適解についても，実証モデルによる推計結果との比較検討を行っていく努力が必要であろう．

前提条件となる係数および法則は，可能な限り，実証的に証明されていなければならないし，その設定に際しては細心の注意が払われなければならない．とりわけ，土地単位の生産性や，外部不経済，移動効率といった諸係数について，実証データを蓄積していく努力が今後とも重要であろう．また，いかなる要因が，結果に対して規定的であるかについて，実証研究を積み重ね，規範モデルに取り込むべきか，あるいは捨象しても構わないかを，十分に吟味していく必要がある．

和田(1973 a, p.77)では，アメリカにおいて，「1930年代以降，農業経営研究が生産経済学の発達の影響をうけて計画論中心の性格が強まると，経営の最適組織均衡の問題が基本となって，土地の質的要因の問題は，単に技術係数に影響を与えるという形のみで処理され，制度的・構造的側面については，その他の環境条件と同様に，むしろ経営研究の外におかれるという傾向

が強くなってきている」とした上で，こうした流れが「理論的・実践的研究の発展にとってプラスであるかどうかということについては，なお議論の余地がある」としている．しかし，少なくとも，急峻な地形における分散錯圃制という構造的問題については，技術係数の設定のみに関わる問題ではなく，地域範囲の設定，土地単位をはじめとする変数設定，制約条件の構築などにも大きく関わってくる．そして，以上のような問題の存在が，日本におけるこれまでの経済的土地分級の展開の大きな障害となってきたことも既に指摘してきた通りである．地域条件を考慮した上で，土地の質的要因に関する実証的研究と連携を取りつつ研究を進めていかなれければ，モデル自体の構築すらあやういものとなってしまうだろう．したがって，日本における期待所得土地分級の実施においては，いかなる土地の質的要因を考慮し，土地条件を表わす係数をどのように設定するかという実証的問題についても，十分に視野に入れておく必要があると考えられる．

3．計画手法，政策評価手法としての要件

法令，条例で実施される多様な土地利用計画のための計画手法，あるいは事前の政策評価手法としての応用も重要であろう．本論において展開した期待所得土地分級では，区画の面積や形状，収量，作業効率，経営レベルでの変動費，固定費，季節別の労働投入，あるいは，地区レベルでの土地利用の指標など，多くの指標が地域住民により認識可能であり，操作性はかなり高いと言える．これにより，地域の実状に応じて，土地利用に関する意思決定がもたらす農業経済的なインパクトを，貨幣タームで表示することが可能となる．とりわけ，直接支払いのように，経済的インセンティブを伴うような場合においてその利点は大きい．本書中で取り上げることができた応用例の種類には限界があったが，今後は，土地利用規制，環境政策，担い手政策などの各場面に応じて，いかなる改良が必要であるか，その要件を検討していく必要がある．

とくに，住民参加の場面で活用するには，住民の主体的な活動がどのように成果に結びつくかを明確に示せる操作性が要求される．さらに，リアルタ

イムでの結果の表示や，双方向のインターフェイスなどの開発も必要となってくるだろう．近年では，住民参加の場面におけるファシリテーターの役割が注目されているが，それが短期的な雰囲気づくりに終わらず，土地利用計画策定による地域への改善効果を発揮させるためにも，土地利用計画論の方法論を習熟した専門家として，客観的な分析結果の提示や，地域の土地利用計画策定への具体的な提案を行なっていくことが重要と考えられる．

4．新技術との連携

IT技術の進歩は，住民参加の場面での応用可能性を向上させる．Web-GISをはじめ，インターネットを介したリアルタイムでのデータ収集，結果表示への道も開けてこよう．リモートセンシングやGPSを利用して客観的データを整備する方向性も見えつつある．こうした技術開発，応用に際しては，多分野の研究者間の連携が重要となる．また，普及に当って，行政部局担当者のIT技術，計画論への習熟も欠かせないだろう．

本論の分析の多くは，GISによる解析，とりわけ画像のオルソ化技術および，そこから算出される土地条件や位置に関する情報が無くしては，展開が困難なものであった．とはいえ，当然ながら，GISデータを蓄積することや，大量のGISデータを用いることそれ自体が重要なのではなく，その用い方こそが重要であろう．とくに，将来の経済的な評価に関わる場合，データを重ね合わせて整備し，オーバーレイ法を繰り返しただけでは，地域にとって有意義な判断基準を提供する方法論としては，多くの示唆は期待できない．GISデータを活用することにより，土地分級論をはじめとする計画論の現実的適用性は飛躍的に拡大する．むしろ，こうした分析利用が可能なように，GISデータとして整備すべき情報の提案を行っていく必要性があると考えられる．

注1) 合崎（2004）では，千葉県我孫子市でのアンケート調査をもとに，市民農園利用の需要曲線を導出している．この推計式を，K市の人口・面積に換算してあてはめたところ，アンケート未回答者は，利用意向無しと見なして，年間使用

料金5,000円，区画30 m^{2}のケースで，およそ5,938〜6,360世帯の利用意向が見込め，約14.4〜18.6 ha（開設2〜15箇所）の農地保全が可能であると試算された．これはK市生産緑地面積のおよそ1割に相当する．

論文初出一覧

第2章
八木洋憲（2005）　　　：「都市農地における区画単位の期待所得土地分級－外部不経済と移動効率の影響を考慮して－」『農業経済研究』76-4, pp.231-240.
八木洋憲（2002）　　　：「生産緑地の面的保全による農業経営への影響の実証研究」『2002年度日本農業経済学会論文集』pp.53-55.

第3章
八木洋憲（2003）　　　：「非農業土地利用の増大に伴う農業への外部不経済の把握と予測」『農村計画論文集』5, pp.79-84.
八木洋憲, 徳田博美, 大浦裕二, 高橋明広（2003）
　　　　　　　　　　　：「農業生産による地域居住環境への影響と土地利用計画」『農業土木学会誌』71-12, pp.17-20.

第4章
八木洋憲, 芦田敏文, 國光洋二（2005）
　　　　　　　　　　　：「都市近郊地域における水利施設維持管理と水田経営の経済性－数理計画法を用いた地区分級モデルの構築－」『農業経営研究』43-2, pp.12-21.

第5章
八木洋憲, 山下裕作, 大呂興平, 植山秀紀（2004）
　　　　　　　　　　　：「中山間地域における圃場単位の期待所得土地分級－耕作放棄による外部不経済の影響を考慮して－」『農村計画学会誌』23-2, pp.137-148.
八木洋憲, 大呂興平, 山下裕作, 植山秀紀（2003）
　　　　　　　　　　　：「中山間地域における経済的用地分級のための基礎的係数の推計」『2003年度日本農業経済学会論文集』pp.120-122.

第6章
八木洋憲, 永木正和（2004）
　　　　　　　　　　　：「生産基盤からみた中山間地域での大規模水田経営の成立可能性－傾斜地への直接支払いを考慮した農業地域別規範モデル－」『農村計画論文集』6, pp.169-174.

引用文献

和文（五十音順）

合崎英男・遠藤和子・八木洋憲（2004）：「潜在的利用世帯の意向に配慮した市民農園の整備支援」『農業土木学会誌』72-11, pp.11-14.

阿部　隆（1976）：「土地利用の混合構造－計測と分析－」『東北地理』28-4, pp.195-206.

有田博之・木村和弘（1994）：「畦畔除草面積を縮小する圃場形態－畦畔除草に適した圃場整備技術の開発（Ⅳ）－」『農業土木学会論文集』170, pp.19-25.

有田博之・木村和弘（1997）：『持続的農業のための水田区画整理』農林統計協会.

石田憲治・西口　猛・北村貞太郎（1983）：「数量化理論第3類を応用した用地分級－土地利用計画調整のための土地分級に関する研究（Ⅰ）－」『農業土木学会論文集』106, pp.19-24.

石田頼房（1990）：『都市農業と土地利用計画』日本経済評論社.

伊東正夫（1973）：「土壌学と生産力可能性分級」，金沢夏樹編『経済的土地分級の研究－農業への適用－』東京大学出版会.

今井敏行・中村　治・目瀬守男（1981）：ぶどう園の土地分級，西口　猛監修，長崎明，北村貞太郎編『土地分級－土地改良と土地利用計画のために－』農林統計協会, pp.73-88.

江川友治（1975）：「地力問題雑感」『農業および園芸』50-1, pp.8-12.

遠藤和子（1999）：「中山間地域における保全すべき農地判別のための自主的土地利用区分手法の開発」『農村計画論文集』1, pp.283-288.

遠藤俊三・宮沢福治・小中俊雄・橋本寛祐（1968）：「圃場作業量の表示法に関する研究」『農事試験場研究報告』12, pp.69-104.

黄　漢喆・冨田正彦・中山幹康（1993）：「4地目筆地分級の概念と性格－集落土地利用計画の合理的策定のための4地目型筆地分級手法の開発（1）－」『農村計画学会誌』12-1, pp.18-32.

大石　亘（1998）：「整数計画モデル（資金配分，施設利用，固定費）」農業研究センター編『線形計画法による農業経営の設計と分析マニュアル』pp.55-58.

大江靖雄（1988）：「価格支持政策下における畑作生産者の作物選択と期待形成」『農業経営研究』26-1, pp.11-21.

大江靖雄（1993）：『持続的土地利用の経済分析』農林統計協会.

岡部　守（2001）：「土地改良事業の新しい方向性」岡部　守『土地利用調整と改良事

業』,日本経済評論社, pp.129-172.
小川茂男・福本昌人・島　武男・大西亮一・武市　久 (2003):「衛星データを用いた水田水入れ時期のモニタリング」『リモートセンシング学会誌』23-5, pp.497-504.
小田切徳美 (1994):『日本農業の中山間地帯問題』農林統計協会.
柏　雅之 (2002):『条件不利地域再生の論理と政策』農林統計協会.
加藤克明 (2000):「圃場に隣接する住宅地住民の農作業への意向の解明」農業研究センター編『都市との共生をめざしたつくば農業の進路』, pp.86-95.
神奈川県農業総合試験場 (1997):『作物別作型別経済性指標一覧』.
金沢夏樹編 (1973):『経済的土地分級の研究－農業への適用－』東京大学出版会.
神戸　正 (1971):「都市農業と都市農民」『農業経営研究』15, pp.1-15
岸　芳男・中村隆司・岩崎征人 (1997):「市街化区域内農地の区分と宅地化に関する研究」『環境情報科学論文集』11, pp.255-260.
木村和弘 (1993):「山間急傾斜地水田の荒廃化と圃場整備」中川昭一郎編『耕作放棄水田の実態と対策』農業土木事業協会.
木村和弘・有田博之・内川義行 (1994):「急傾斜地水田の畦畔法面の形態と除草作業の実態－畦畔除草に適した圃場整備技術の開発（Ⅱ）－」『農業土木学会論文集』170, pp.1-10.
九州大学農業経営学教室編 (1959):『佐賀平野における経済的土地区分の研究』昭和33年度農林漁業試験研究費補助金による研究報告書.
工藤　元 (1962a):『農業経営の線形計画』東京明文堂.
工藤　元 (1962b):『営農類型と地域計画』東京明文堂.
後藤光蔵 (2003):『都市農地の市民的利用－成熟社会の「農」を探る－』日本経済評論社.
権藤昭博・石田茂樹・富田　貢・伊吹俊彦 (1992):「シミュレーション手法による圃場作業量の解析」『農作業研究』27-1, pp.29-35.
斎藤仁蔵・門間敏幸・浅井　悟 (1993):「転作団地策定支援システムの設計理念と構造」『東北農試研究報告』87, pp.55-105.
生源寺真一 (1990):『農地の経済分析』農林統計協会.
鈴木福松 (1973a):「経済的土地分級の応用－計画論との関連－」金沢夏樹編『経済的土地分級の研究－農業への適用－』東京大学出版会, pp.216-236.
鈴木福松 (1973b):「庄内水田単作地帯における経済的土地分級」金沢夏樹編『経済的土地分級の研究－農業への適用－』東京大学出版会, pp.319-334.

大黒正道 (2003):「GIS を用いた水稲作春作業計画支援システムの開発」『システム農学』19-別2, pp.21-29.

高橋正郎 (1962):「稲作経営における規模拡大と運搬費の問題」『農業経済研究』35-1, pp.52-67.

高山鎮紀・伊東忠雄 (1987):「稲作生産費の規定要因－蒲原平野における統計的・実証的分析－」『新潟大学農学部研究報告』39, pp.1-8.

竹歳一紀・金子治平 (2000):「都市的地域における農業と環境」宮崎　猛編『農と食文化のあるまちづくり』学芸出版社, pp.160-181.

武部　隆 (1990):「都市住民の農業・農地に対する評価と期待」－高槻市民を例にとって－『農業計算学研究』23, pp.65-78.

竹山孝治 (1999):「集落営農法人の経営受託水田における作業別対応方式と米生産費」『農業経営通信』199, pp.30-33.

田代洋一 (1991):『計画的都市農業への挑戦』日本経済評論社.

棚田光雄 (2002):「中山間地域における大規模水田作経営の展開と圃場条件－経営対応に関するシミュレーション分析－」『農業および園芸』77-4, pp.445-452.

玉川英則 (1982):「土地利用の秩序性の数理的表現に関する考察」『都市計画学会論文集』17, pp.73-78.

丹後俊郎・山岡和枝・高木晴良 (1996):『ロジスティック回帰分析－SAS を利用した統計解析の実際－』朝倉書店.

辻　雅男 (1981 a):「農業地区区分の方法に関する一試論-経済的土地分級の適用-」『農業および園芸』56-5, pp.3-12.

辻　雅男 (1981 b):「農地保全の理論と方法－土地分級論による接近－」『農業技術研究所報告 H』54, pp.1-100.

辻　雅男 (1994):「農村土地利用計画のフレーム」『農業経営通信』179, pp.26-29.

土田志郎 (1992):「良質米生産地帯における水田輪作の成立条件－線形計画法による稲・麦・大豆作経営のモデル分析－」『農業経営研究』30-2, pp.46-55.

土田志郎 (1994):「水田圃場の経営的評価手法」『北陸農試農業経営研究資料』43, pp.1-29.

恒川篤史・李　東根・米林　聡・井手久登 (1991):「土地利用混在の定量化手法」『環境情報科学』20-2, pp.115-120.

坪本毅美・佐藤晃一・菊池和雄 (1981):「柑橘園の土地分級」西口　猛監修, 長崎　明, 北村貞太郎編『土地分級－土地改良と土地利用計画のために－』農林統計協

会, pp.53-71.
鶴岡康夫(2001):「生産管理行動を考慮した稲作の規模拡大及び収益性に対する圃場条件の影響」『農業経営研究』39-1, pp.1-13.
出村克彦(1988):「農業の公共投資と農業土地資本の形成－寒冷地畑地総合土地改良パイロット事業の効果－」『北海道大学農経論叢』44, pp.1-30.
寺脇 拓(1997):「都市農地の及ぼす正負の外部経済効果の計測」『農村計画学会誌』16-3, pp.216-227.
富樫千之・松森一浩・佐々木邦男(1995):「圃場の大区画化における作業量の変化について(第3報)有効作業効率による解析」『農作業研究』30-1, pp.8-13.
都市農業共生空間研究会編(2002):『これからの国土・定住地域圏づくり』鹿島出版.
土壌保全調査事業全国協議会編(1991):『日本の耕地土壌の実態と対策』博友社.
永木正和(1991):「地力と有機質施用」久保嘉治・佐々木市夫編『農業基盤整備と地域農業』明文書房.
長沢 工(2000):『日の出・日の入りの計算』地人書館.
長束 勇(1981):「農業用水合理化対策事業の評価に関する研究(Ⅱ)」『水利科学』25-5, pp.55-75.
南石晃明(1991):『不確実性と地域農業計画－確率的計画法の理論, 方法および応用－』大明堂.
南石晃明・向井俊忠(1997):「作業リスクと水田作経営の適正経営面積－作業可能時間の年次変動を考慮した数理計画モデル分析－」『農業経営研究』34-4, pp.67-77.
西口 猛監修, 長崎 明, 北村貞太郎編(1981):『土地分級－土地改良と土地利用計画のために－』農林統計協会.
西前 出・水野 啓・小林愼太朗(1999):「地理的重み付け回帰を用いた土地利用の空間分析」『農村計画論文集』1, pp.325-330.
農業研究センター編(1998):『線形計画法による農業経営の設計と分析マニュアル』.
農業研究センター経営管理研究担当グループ(2000):『県別・作物別の収支データ・利益係数・技術係数データファイル』.
納口るり子・八巻 正(1988):「大規模稲作のための経営管理マニュアル－圃場分散下の生産管理法－」『北陸農試農業経営研究資料』33, pp.1-90.
能美 誠(1988):「期待農業所得分級法に関する考察－重回帰分析による接近－」『農業経済研究』60-3, pp.151-159.
能美 誠(2001):「生産農業所得/戸の推定と変化要因に関する考察」『農業経営研究』

39-1, pp.99-104.

樋口昭則 (1997):『農業における多目標計画法』農林統計協会.

平泉光一 (1989):「大規模耕種経営における圃場条件と作業能率」『関東東海農業経営研究会資料』74, pp.61-69.

平泉光一 (1990):「圃場区画の差異が機械化作業の能率に及ぼす影響-モデル解析による耕耘作業と収穫作業の比較」『NARC研究速報』7, pp.29-36.

平泉光一 (1995):「稲作技術と土地基盤」和田照男編『大規模水田経営の成長と管理』東京大学出版会, pp.32-44.

福士正博 (1995):『環境保護とイギリス農業』日本経済評論社.

福原文雄 (1979):「土地改良事業における換地評価のための土地評価法」『農業経済研究』51-3, pp.111-119.

福与徳文 (1996):「農振法のゾーニングに関する諸論点の整理と展望」『農村計画学会誌』15-1, pp.9-20.

藤島廣二・辻 和良・櫻井清一・村上昌弘 (1995):「農業経営の個別マーケティングの意義と限界」『農業経営研究』33-2, pp.25-34.

藤山 浩 (2003):「Web-GISを活用した地域マネジメント-土地利用, 鳥獣対策, 産直市PRの実例-」『システム農学』19-別2, pp.9-16.

星野 敏 (1992):「わが国における土地分級研究の系譜-主として農村土地利用計画課題に関する分級研究を中心として-」『農業土木学会論文集』157, pp.105-117.

細川雅敏・井上久義・内田晴夫 (2002):「乗用田植機の作業能率から見た傾斜地水田のまち直し整備」『農業土木学会誌』70-3, pp.219-222.

發地喜久治 (1991):「宅地並み課税と相続税の課税実態」田代洋一編『計画的都市農業への挑戦』日本経済評論社, pp.283-300.

發地喜久治 (1995):『生産緑地制度と地域グリーンシステム-日本の農業あすへの歩み195-』農政調査委員会.

松岡 淳 (1997):「圃場条件を考慮に入れた作業受託コストの計測-愛媛県広見町における農業公社を事例として-」『農林業問題研究』125, pp.19-27.

松岡 淳 (1999):「れんこん田の圃場整備による経済効果の予測」『農業経営研究』, 37-1, pp.21-29.

松田裕子 (2004):『EU農政の直接支払制度・構造と機能』農林統計協会.

水口俊典 (1997):『土地利用計画とまちづくり-規制・誘導から計画協議へ-』学芸出版社.

水谷正一 (1979):「都市化と農業用水-余剰水の形成と水利転用-」, 緒形博之編『水と日本農業』東京大学出版会, pp. 285-305.

水谷正一 (1981):「都市近郊スプロール地域の農業水利構造」『三重大学農学部学術報告』63, pp. 157-198.

嶺田拓也・栗田英治・石田憲治 (2004):「水田冬期湛水における営農効果と多面的機能-管理主体へのアンケートおよび聞き取り調査による実態解析から-」『農村計画論文集』6. pp. 61-66.

武藤和夫・上路利雄 (1980):「地域農業計画目標の設定-土地分級と土地利用計画 (6) -」『農村計画』20, pp. 44-50.

森　昭 (1979):「経済的土地分級の意義と方法-畑地かんがい導入予定地域を対象として-」『中国農業試験場報告C』25, pp. 1-27.

守田秀則・小林愼太朗・森下一男 (2003):「香川県における宅地化の空間構造に関する研究」『農村計画論文集』5, pp. 121-126.

八木宏典 (1983):『水田農業の発展論理』日本経済評論社.

八木宏典 (2000):「新しい農業経営の特質とその国際的位置」『農業経営研究』37-4, pp. 5-18.

八木洋憲・村上昌弘 (2003):「都市農業経営に援農ボランティアが与える効果の解明-多品目野菜直売経営を対象として-」『農業経営研究』41-1, pp. 100-103.

八木洋憲・中畝正夫・芦田敏文 (2004):都市近郊農産物直売所に対する需要の空間分析-来店者のトラベルコストからの接近-」『農業経営研究』42-1, pp. 139-142.

八木洋憲・嶺田拓也・芦田敏文・栗田英治 (2005):「水利系統を考慮した環境保全型水稲作の立地配置-冬期湛水田を対象として-」『農村計画論文集』7, pp. 67-72.

柳澤孝裕・中野芳輔・東奈穂子 (2002):「数量化3類を用いた土地分級評価と農地利用の方向性-GIS (地理情報システム) を活用した福岡県黒木町黒木・豊岡地区における検討-」『農業土木学会論文集』, 70-3, pp. 345-356.

山田浩之 (1981):『都市の経済分析』東洋経済新報社.

山本勝利・奥島修二・小出水規行・竹村武士 (2002):「1/10細分メッシュを用いた連続性解析に基づく水田立地特性の類型化とその変化」『農村計画論文集』4, pp. 163-168.

李　尚遠・佐藤洋平 (1999):「47都道府県における耕地面積変化の要因分析」『農村計画学会誌』17-4, pp. 300-310.

和田照男 (1973 a):「日本における経済的土地分級研究の展開」金沢夏樹編『経済的土地分級の研究-農業への適用-』東京大学出版会, pp. 73-104.

和田照男 (1973 b):「経済的土地分級方法の基本問題」金沢夏樹編『経済的土地分級の研究-農業への適用-』東京大学出版会, pp. 107-126.

和田照男 (1973 c):「分級方法の実証的研究の課題と方向」金沢夏樹編『経済的土地分級の研究-農業への適用-』東京大学出版会, pp. 239-242.

和田照男・岡崎耿一 (1980 a):「農業的地区分級-土地分級と土地利用計画 (3)」『農村計画』20, pp. 21-27.

和田照男編 (1980 b):『現代農業と土地利用計画』東京大学出版会.

渡辺貴史 (1998):「東京都区部における生産緑地法改正後の市街化区域内農地を巡る対応」『都市住宅学』23, pp. 83-88.

渡辺貴史 (2003):「首都圏自治体における生産緑地法の買い取り請求と追加指定に関する運用実態の検討」『都市住宅学』43, pp. 138-143.

欧文

Bateman, I.J., Ennew, C., Lovett, A.A., Rayner, A.J. (1999):'Modeling and mapping agricultural output values using farm specific details and environmental databases' Journal of Agricultural Economics, 50-3, pp. 488-511.

Burnham, C.P., Shinn, A.C., Varcoe, V.J. (1987):'Crop yields in relation to classes of soil and agricultural land classification grade in South East England' Soil Survey and Land Evaluation, 7, pp. 95-100.

Brunsdon, C., Fothringham, A.S., Charlton, M. (1998):'Spatial nonstationarity and autoregressive models' Environment and Planning A, 30, pp. 957-973.

Campbell, J.C., Radke, J., Gless, J.T., Wirtshafter, R.M. (1992):'An application of linear programming and geographic information systems: cropland allocation in Antigua' Environment and Planning A, 24, pp. 535-549.

Errington, A. (1989):'Estimating enterprise input-output coefficients from regional farm data' Journal of Agricultural Economics, 40, pp. 52-56.

Folland, S., Hough, R. (2000):'Externalities of nuclear power plants : further evidence' Journal of Regional Science, 40-4, pp. 735-753.

Friedman, M. (1953): Essays in positive economics. University of Chicago press

(佐藤隆三・長谷川啓之 訳 (1977)『実証的経済学の方法と展開』富士書房).
Graaff. J.V. (1967) : Theoretical welfare economics. Cambridge University press (南部鶴彦・前原金一 訳 (1973)『現代厚生経済学』創文社).
Groeneveld, R.A. Van Ierland, E.C. (2000) :'Economic modeling approaches to land use and cover change' National Institute of Public Health and the Environment Report, 410-200-045.
Groeneveld, R.A. (2003) :'Integrating a metapopulation model in a spatially explicit economic land use model' 12th Conference of European Association of Environmental and Resource Economists.
Jones, P.J., Rehman, T., Harvey, D.R., Tranter, R.B., Marsh, J.S., Bunce, R.G.H., Howard, D.C. (1995) : 'Developing LUAM (Land Use Allocation Model) and CAP reforms' CAS paper 32, Center for Agricultural Strategy The University of Reading.
Keynes, J.N. (1917) : The scope and method of political economy. Macmillan (上宮正一郎 訳 (2000)『経済学の領域と方法』日本経済評論社).
Kumar, A., Maeda, S., Kawachi, T. (2002) :'Multiobjective optimization of discharged pollutant loads from non-point sources in watershed'『農業土木学会論文集』221, pp.65-70.
Moxey, A.P. (1994) :'Efficient compliance with agricultural nitrate pollution standards' Journal of Agricultural Economics, 45-1, pp.27-37.
Moxey, A.P., White,B., O'callaghan, J.R. (1995) :'The economic component of NELUP' Journal of Environmental Planning and Management,38-1, pp.21-33.
Nelson, A.C. (1992) :'Preserving prime farmland in the face of urbanization' Journal of American Planning Association, 58-4, pp.467-488.
Verburg, P.H., De Koning, G.H.J., Kok, K., Veldkamp, A., Bouma, A. (1999) :'A spatial explicit allocation procedure for modeling the pattern of land use change based upon actual land use' Ecological Modeling, 116, pp.45-61.

あとがき

　本書は，東京大学に学位請求論文として提出した「期待所得土地分級の研究－農地の空間的配置を考慮した規範分析による接近－」(2005年3月) をもとに，その後の先生先輩方からのアドバイスを反映して加筆修正したものである．

　本書の公刊に当っては，農業工学研究所宮本幸一理事長，編集委員会，工藤清光農村計画部長，福与徳文地域計画研究室長をはじめとして，職員各位に格別の便宜をいただき，各地書店に流通する出版物として研究成果を公表することができた．

　恩師である八木宏典先生には，学位論文および本書の執筆についてはもちろん，20代の間の10年にわたり，大変親身にご指導を頂いている．情緒さえ定まらない私が，迷いを感じた時に，常に前へと進むべく適切にアドバイスを頂いたことは御礼しても尽くせないほどである．学位論文の審査委員をお引受け頂いた，本間正義先生，生源寺真一先生，中嶋康博先生，木南章先生には，審査において極めて有益なご助言を頂いたのみならず，学生時以来，社会人として，研究者として必要な様々な経験と知識を教授いただいている．

　筆者の大学院時代には，先輩方に首都圏，北海道，中国地方へと各方面の調査に同行させていただき，農業経営調査のノウハウ，調査地へのかかわり方について多くを学んだ．いま思えば，ろくに役にも立たない足手まといを快くも連れて頂き，調査方法，調査票設計などの基礎を教えていただいた．

　2000年より在籍した農業研究センター農業計画部では，短いながらも，部長，研究室長はじめ新人として多くのことをご指導いただいた．入省同期および隣室の先輩諸兄からは，その後の研究人生に関わる多大なる指導を頂いたことは，今でも深く恩を感じている．

　2001年より現時点まで在籍している農業工学研究所農村計画部では，部長，研究室長の厚恩により比類なきほどの研究環境を頂き，若輩の無分別な

着想を萎縮させることなく，万事に配慮を下さった．本書中の分析の多くは，同所での研究をもとにまとめたものである．先輩諸兄からは，浅学な筆者を現地調査に抜擢頂き，多くのノウハウと手ごたえを得ることができた．研究を行う上で納得ができない時には，いつも激励を頂き，そして常に適切なアドバイスを頂いている．

　もちろん，現地調査を行うに当って，訪問する調査先の皆様に大変お世話になっていることはいうまでもない．常にわずかでも成果をお届けすることを志してきたが，大きな借りを作ってしまっていることは否定できない．

　本書の初出論文における共著の先生先輩方には，常日頃より公私にわたり支援を頂いているのみならず，本書をこのような形でまとめることに賛同いただいたことに，この場を借りて感謝を表したい．また，多事中にもかかわらず，学会誌での査読，コメントを頂いた先生方には，極めて稚拙な初稿を最終稿にまとめるにあたって，再三にわたり，大変建設的なご助言を頂いている．

　末筆となってしまったが，名も知られない研究者の専門書の出版を了承頂き，数度にわたる校正にもご協力頂いた養賢堂の皆様に御礼申し上げたい．

　最後に，筆者が東京および筑波に居を構えて研究を行う上で，常に支えてくれた両親に感謝をこめて本書の筆を置きたい．

2005年11月

八木　洋憲

本書は「研究叢書　土地利用計画論―農業経営学からのアプローチ―（独立行政法人農業工学研究所発行）」をもとにして出版したものです。

2005	2005年11月30日　第1版発行	
土地利用計画論		
検印省略	著作者	八木　洋憲（やぎ　ひろのり）
©著作権所有	発行者	株式会社　養賢堂 代表者　及川　清
定価3150円 (本体 3000円) 税 5%	印刷者	公和図書株式会社 責任者　佐々木　剛
発行所	株式会社 養賢堂　〒113-0033 東京都文京区本郷5丁目30番15号 TEL 東京(03)3814-0911 ［振替00120-7-25700］ FAX 東京(03)3812-2615 URL http://www.yokendo.com/	
	ISBN4-8425-0378-5　C3061	
PRINTED IN JAPAN	製本所　板倉製本印刷株式会社	